普通高等教育建筑与环境艺术类

精品规划教材

建筑装饰

梁 雯◎编著

中国水利水电出版社
www.waterpub.com.cn

内 容 提 要

本书属于“普通高等教育建筑与环境艺术类精品规划教材”丛书分册之一。全书共分为3部分12章，第1部分“装饰和建筑”包括：绪论、图像装饰、造型装饰、色彩装饰、装饰艺术与材料及技术；第2部分“中国传统建筑装饰”包括：装饰的形成、装饰与建筑、装饰与工艺；第3部分“西方建筑装饰语言”包括：西方古典建筑装饰语言之古代希腊和古代罗马、西方古典建筑装饰语言之文艺复兴和巴洛克、哥特建筑装饰、拒绝装饰与装饰的回归。

本书可作为高等院校建筑与环境艺术类专业师生教材使用，亦可作为艺术设计、艺术史类专业师生作为辅助教材或拓展学习资料使用，也可供相关专业设计师、研究人员、爱好者参考借鉴。

图书在版编目（CIP）数据

建筑装饰 / 梁雯编著. -- 北京 : 中国水利水电出版社, 2010.7
普通高等教育建筑与环境艺术类精品规划教材
ISBN 978-7-5084-7616-2

Ⅰ. ①建… Ⅱ. ①梁… Ⅲ. ①建筑装饰－高等学校－教材 Ⅳ. ①TU238

中国版本图书馆CIP数据核字(2010)第147930号

书　　名	普通高等教育建筑与环境艺术类精品规划教材 **建筑装饰**
作　　者	梁雯　编著
出版发行	中国水利水电出版社 （北京市海淀区玉渊潭南路1号D座　100038） 网址：www.waterpub.com.cn E-mail：sales@waterpub.com.cn 电话：(010) 68367658（营销中心）
经　　售	北京科水图书销售中心（零售） 电话：(010) 88383994、63202643 全国各地新华书店和相关出版物销售网点
排　　版	北京时代澄宇科技有限公司
印　　刷	北京鑫丰华彩印有限公司
规　　格	210mm×285mm　16开本　11.5印张　273千字
版　　次	2010年7月第1版　　2010年7月第1次印刷
印　　数	0001—3100册
定　　价	48.00元

凡购买我社图书，如有缺页、倒页、脱页的，本社营销中心负责调换

序

改革开放30年，在建筑界造就了一个行业——中国建筑装饰；在教育界成就了一个专业——环境艺术设计。中国建筑装饰行业的建立与发展，涉及建筑学、建筑工程学、风景园林学、艺术学等学科的理论指导，其业务范围涵盖建筑主体的内外空间。作为高等院校相对应的学科建设来看，除了传统的建筑类学科之外，艺术类的环境艺术设计专业，成为适应性强、就业面广的重要人才培养基地。

从理论建构到社会实践，环境艺术与环境艺术设计都是两种概念。由于环境艺术设计的边缘与综合特征，其观念的指导性远胜于实践的操作性。因此在社会运行的层面，环境艺术设计还是以建筑室内与建筑景观的定位，进行设计的操作，相对符合时代背景的限定。

环境艺术设计的专业特征——体现设计空间范围的难度、进入人类社会生活的深度、涉及不同专业领域的广度，相对高于二维平面与三维立体各类设计的专业方向。边缘性、多元化、综合型的专业特征，使得环境艺术设计专业方向，在不同学校以各具特色的方式和各自理解的教学方法，按照职业教育和素质教育的两种范式向前发展。

尽管目前在高等院校进行的高等设计教育，使用统编的专业教材，并不符合培养复合型、创新性人才的相应教学，但在中国设计教育超速发展的态势下，实际上大多数大学本科设计专业的教学，还是一种专业基础知识和技能的传授。因此编写打破人文艺术与工程技术专业界墙，适合不同类型高校教学的通用教材，就成为高等院校设计教育教材编写的一种方向。现在看到的这套《普通高等教育建筑与环境艺术类精品规划教材》，就是以这样的理念策划与出版的。

设计的基本要素，一个是时间，一个是空间。我们都知道，在爱因斯坦以前，物理的时间概念是绝对的；而这之后发生了颠覆，时间也变为相对的。于是，通过时间进行环境体验便成为被科学证明的问题。作为今天的高等设计教育，其设计观念的培育，从本源上就是要建立正确的设计时空观。

东方文化艺术，尤其是中国的文化艺术，更注重于时间概念的体现，而非是空间概念的形态。这一点，在建筑环境中体现得尤为明显。中国建筑环境所营造的体系与西方建筑环境相比是完全不同的两条路。同济大学教授陈从周的《说园》中，有一句话非常经典："静之物，动亦存焉。"这句话的意思就是：动与静是相对的。换作时空的概念："静"是空间的一种存在形式，而"动"则是以时间的远近来实现它的一种媒介。它表明东方传统的时空观是一个完整系统。关键在于，它的建筑环境一定要体现一种时空的融会。而时空融会的概念所反映的就是以环境定位的艺术观。

可以看出环境的艺术美学特征显现需要冲破传统的理念，这就是时间因素对于空间因素的相对性。城市与区域规划中美学价值的体现之所以未被关注，就在于基于时空概念的环境美学观尚未被人们所理解和重视。即使是建筑学和风景园林学领域的美学价值，在许多人的认识中还是以传统的美学观来判定，尚未上升到环境美学的境界。也就是说需要建立时空综合的环境艺术创作系统，来切实体现环境美学的理论价值。

由于环境的艺术是一种需要人的全部感官，通过特定场所的体验来感受的艺术，是一个主要靠时间的延续来反复品味的过程。因此，在环境艺术设计中，时间因素相对于空间因素具有更为重要的作用。在这里空间的实体与虚拟形态呈现出相互作用的关系，只有通过人在时间流淌的观看与玩赏中，才能真切地体会作品所传达的意义。环境的艺术空间表现特征，是以时空综合的艺术表现形式所显现的美学价值来决定的。“价值产生于体验当中，它是成为一个人所必需的要素。”❶ 环境艺术作品的审美体验，正是通过人的主观时间印象积累，所形成的特定场所阶段性空间形态信息集成的综合感受。

中国高等院校现在培养的学生，是未来30年高端设计乃至创新型国家建设的人才储备，能否脱颖而出在于今天的教育。在这里教材只是教育者的一种工具，关键的问题在于教育者的教育观念，具体到一个专业，又在于专业教育观念的正确性。

2010年6月28日

于清华大学美术学院

❶ ［美］阿诺德·伯林特，著．环境美学．张敏，周雨，译．长沙：湖南科学技术出版社，2006

前　言

在诸多有关建筑装饰问题的教材和书籍当中不乏对建筑装饰的风格和样式，以及与之相关历史的介绍和描述，但是缺少的是对于这些形式的进一步分析——内在的发展、与建筑的关系、与材料的关系和与工艺关系等。这样的结果造成多数学习者对建筑装饰的理解停留在装饰形式的本身，而很难在概念上建立起装饰与建筑的关系。因此本书根据装饰的要素和建筑的要素，对建筑装饰进行了梳理，试图将建筑装饰看作建筑的一个重要而特殊的部分，对各种建筑装饰形式的讨论都是围绕着本书的主题——装饰在建筑的功能，以及与建筑的关系问题而展开。

本书共分为三个部分。第一部分以装饰自身的特点为分类方式，分别讨论了图像装饰、造型装饰和色彩装饰在建筑中的应用和在建筑中的功能问题。除此之外还涉及了装饰的一些基本概念，以及与建筑装饰相关的工艺和材料。这一部分的内容焦点在于，作为建筑重要部分的装饰如何修饰、改变和再造建筑外貌，以及由此产生的文化和社会作用。

第二部分是针对中国传统建筑装饰的讨论，这一部分的分析主要基于中国传统建筑的工艺分类。以明清两代的建筑装饰形式为对象，具体讨论了中国传统建筑中各部位的装饰样式、特征，以及与建筑的关系。

在第三部分针对西方建筑装饰的分析中，本书主要选取了最具有代表性的西方古典建筑装饰语言和哥特建筑装饰语言。一方面是由于这两种不同体系的建筑装饰构成了西方建筑装饰的主要脉络；另一方面从这两种装饰风格的发展中我们可以清晰地看到西方建筑装饰演变的过程。这对于学习者理解19世纪建筑装饰的变革、之后的各种运动，例如对装饰的排斥等，是至关重要的。

就某些建筑装饰风格而言，本书不得不作一些省略。例如古代两河流域建筑装饰，古代印度建筑装饰、古代玛雅装饰等，但这并不意味着这些装饰形式在重要性上与书中所涉及的装饰形式有所差别，而是由于详尽地阐述所有建筑装饰风格是本书的篇幅无法实现的。另一方面，本书所省略的内容可以在其他介绍建筑装饰的书籍当中得到弥补。

今天，对于装饰问题的讨论又一次回到了建筑设计当中，对于装饰的学习也再一次成为研究建筑的一种方法和手段。最初，装饰最基本的作用是美化建筑，而如今它已经不再是仅仅扮演这一角色。今天，在一些项目当中，它甚至成为了推动建筑设计的主要力量。古代时期建筑装饰的单一功能正在被打破。如果我们只把对建筑装饰的讨论和研究固定在美化和形式的范畴，而忽视它在技术、文化和社会中作用，我们将无法理解装饰的真正面貌。

编者
2010年7月

序

前言

第1部分　装饰和建筑

第2部分　中国传统建筑装饰

第3部分　西方建筑装饰语言

Unit 1

第1部分 装饰和建筑

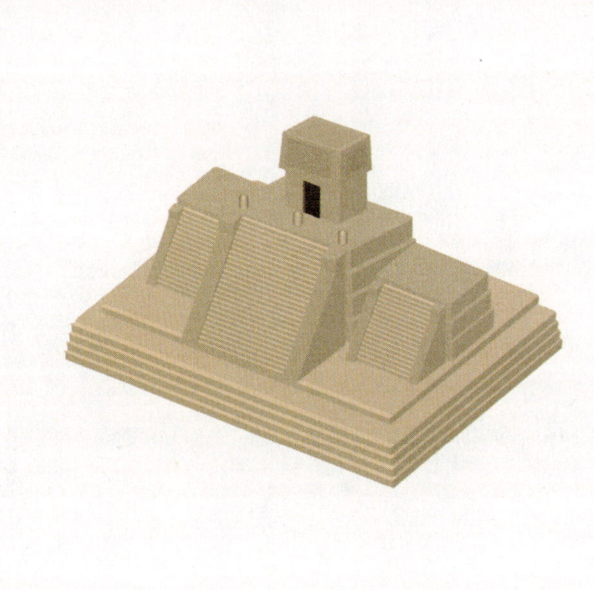

第 1 章　绪　论

第 1 节　装饰的回归

对装饰问题的讨论，在 19 世纪整个欧洲和北美大部分地区，属于艺术设计中最重要的话题之一。各国装饰研究者为当时学习艺术设计的学生提供了大量精美的书籍，如欧文・琼斯的《装饰基本原理》(Grammar of Ornament，Owen Jones)、拉辛的《色彩装饰》(Ornament polychrome，Racinet)、佛朗茨・S・迈耶的《装饰手册》(Handbook of Ornament，Franz Sales Meyer)、斯佩尔特的《装饰风格》(Styles of Ornament，Speltz)，以及由 Prang Educational Company 出版的《历史装饰》图集 (Historic Ornament) 等。对装饰的研究和学习，成为了当时建筑研究中最重要的内容之一。

但是装饰研究传统并没有持续下来。自从卢斯 (Adolf Loos) 发表了《装饰和罪恶》之后，过去近 100 年中，人们一直没有认真对待装饰问题，建筑设计中有关装饰的内容被人们抛到了脑后。同时，19 世纪建筑师和理论家对于建筑的另一个问题——空间给予了更多的关注。从 1941 年出版的西格弗里・吉迪恩 (Sigfried Giedion) 的《空间、时间与建筑》，到 1978 年科内利斯・范德芬 (Cornelis Van de Ven) 的《建筑空间》(Space in Architecture)，建筑研究的重点转移到了内外空间统一以及消除建筑中的折中主义之上。传统建筑中的造型形式、固有比例关系逐渐瓦解，建筑装饰在这样的背景下陷入了前所未有的尴尬境地，成为现代主义建筑师的众矢之的。

直到 20 世纪末和本世纪初，装饰回到了建筑设计当中。现代主义建筑师曾经严厉拒绝装饰在设计中出现的一个主要的原因就是：装饰在大批量生产的环境中无疑是一种浪费行为。但是在过去的 10 年，制造技术和设计技术的发展为装饰回归创造了前所未有的技术和经济条件。计算机的 3D 技术，使得大批量定制生产装饰构件更简易、经济，计算机辅助设计和计算机辅助生产更使各种复杂的形态的制造成为可能。

同时，在这个消费文化占主导的时代，为了体现企业的实力和促进消费，建筑装饰成为各种拥有大量资金的商业品牌最受欢迎的元素。青木淳 (Jun Aoki) 在路易・威登 (Louis Vuitton) 专卖店的设计中 (图 1-1-1)，直接将品牌标志转化成为了建筑符号；Manuelle Gautrand 更是在设计中将雪铁龙的标志嵌入建筑物的立面。“标志，商标”成为了人们在这个时代定义自身的图标，成为一种物质化的愿望和表达。在当代视觉文化环境中，建筑师开始寻找区别于传统图像设计的更优雅的表现方式。装饰就是在这样的环境中开始回归建筑。

图 1-1-1 路易·威登专卖店设计 （[日]青木淳）
立面设计中所使用的图案是 LV 箱包上经典的图案元素，加上建筑上 LV 的标志，整个建筑的形象就好像一个箱包产品

第 2 节 装饰的定义

什么是装饰？这是我们首先要定义的概念。装饰作为一种图形文化从开始就伴随在人类周围，它自然而然地生长在器物上、服饰上、武器上、建筑上，装饰活动仿佛是人类与生俱来的一种本能（图 1-2-1）。没有哪个社会不从事装饰、美化、图案设计等活动，人类似乎在通过装饰来解读这个世界。

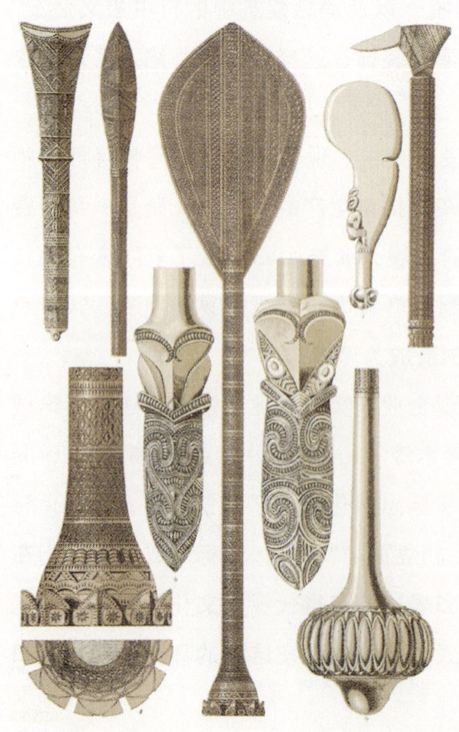

图 1-2-1 有关原始人类的武器中的装饰纹样的插图
（图片来源：《装饰基本原理》，欧文·琼斯，1856）

2.1　装饰（ornament）和美化（decoration）

首先需要澄清的概念是装饰与美化。美化（decoration）是以审美为目的，以遵循社会的礼仪规范，包括时尚、得体等为基础，以布置真实的物体为设计手段，真实物体是美化的主要对象和元素。装饰的概念则复杂得多。英文装饰（ornament）一词的拉丁词源是 ornare，泛指装备或完备，所具有的完备和弥补不足的意义非常明确。装饰是以修正物体的造型和色彩为目的的修饰，并且这种修饰具有很强的抽象特征。

首先，装饰不是任何真实的事物。装饰的最大特点就是它具有模仿、幻想的成分，是一个包含了各种相互冲突事物的综合体；是一个转化物的组合场景；是一种将所有事物——人的身体、植物、图案、想象中的野兽纳入建筑当中的方法。装饰是存在于虚幻和真实、古代和现代、机械的客观性，以及艺术的主观现实和理想之间的抽象事物。

其次，装饰有美丽和令人愉悦的特征。装饰依据超越历史和超越文化的方式运行着，它包含了各种各样的运动和发展的原则。装饰从来就不是真理，它可以是一种模仿，也可以是一种物质的变化，甚至是一种欺骗的技巧，这些都可以构成装饰。但是装饰有一个重要的原则——装饰是令人愉悦的，装饰的终极目的是让人产生愉悦感。

2.2　装饰母题、装饰图案和纯装饰

如果装饰效果是通过重复、组合一系列特定的基本元素来完成预期设计，那么这种基本元素被称为“装饰母题（motives）”；如果这种重复使用和组合是依据一定几何系统，则构成装饰图案（pattern）；当装饰在设计中占支配地位，则这种设计是纯粹的装饰设计，区别于表现真实，甚至于观念的装饰绘画和装饰雕塑。例如在雅典卫城的帕提农神庙（Parthenon）的建筑立面中，三角山墙中表现希腊神话故事的雕塑是建筑装饰雕塑，而三槽板、线脚和绘制的纹样则是纯粹的装饰（图 1-2-2、图 1-2-3）。

图 1-2-2　帕提农神庙（Parthenon）
（图片来源：GREEK ARCHITECTUR，Yale University Press，1994）

图 1-2-3　帕提农神庙中三角山墙边缘的纯粹装饰
（图片来源：GREEK ARCHITECTUR，Yale University Press，1994）

除此之外，还存在大量的介于纯粹装饰与绘画、雕塑之间的装饰，即属于纯粹装饰，例如带有象征意义的想象中的瑞兽、怪兽、植物装饰。对于这些装饰的分类我们首先要考虑的是其最主要的意图，例如藤蔓花饰，尽管它的确是一个图像，但是那种人为的组织决定了它属于纯粹装饰而非绘画作品。

第3节 装饰的分类

在传统的装饰研究中，装饰分类通常依据以下几个原则：装饰覆盖被装饰面的方式；构成装饰的主要内容和方法；设计的依据和原则；被应用的物体，以及装饰与结构的关系。根据这些原则装饰被分成不同类型。

3.1 按装饰表面的覆盖形式划分

根据在装饰表面的覆盖形式装饰可以分为：线性分布、满布、放射分布。每一种分布方式又可以分为连续装饰和不连续装饰。在线性分布装饰中，装饰母题是有节奏地在一条线上分布，用以构成带状或边界；在满布装饰中，装饰单元是两组或多组的交叉线性系统，用以覆盖宽阔的表面；放射分布装饰是装饰单元以一个中心成放射状布局。

3.2 按构成装饰的主要内容和方法划分

根据构成装饰的主要内容和方法，装饰可以分为造型装饰和色彩装饰。造型装饰是通过对表面各种凹凸处理，通过光影所形成明暗效果，例如线脚、雕刻、垂凿、冲压等；而色彩装饰，顾名思义是依靠色彩（包括黑白在内）产生效果，例如马赛克、彩色玻璃、彩绘等。

3.3 按装饰设计的依据和原则划分

根据装饰设计原则，装饰可以分为三种：通用性（conventional）装饰、自然性装饰、通用—自然性装饰。通用性装饰是依据想象或惯例纯粹的形态装饰，通常表现为几何图案（图 1-3-1）。自然性装饰包括所有从自然中获得的、经过改造或未经改造的装饰形态，例如植物、动物（图 1-3-2）。要说明的是，一旦自然性装饰被当作一种装饰母题，以固定的方式应用的时候，我们将其视为通用性装饰。还有一种装饰是从自然中提取元素，但是进行了抽象、删减的改造，或者依据习俗和惯例使用，这种装饰称为通用—自然装饰。

图 1-3-1 古代希腊建筑中的通用装饰
（图片来源：GREEK ARCHITECTUR，Yale University Press，1994）

图 1-3-2 中国传统建筑天花装饰中的自然性装饰
（图片来源：《紫禁城宫殿》，生活·读书·新知 三联书店，2006）

3.4　按被应用的物体划分

根据装饰物体的不同可以将装饰分为：建筑装饰、产品装饰、家具装饰等。我们所要讨论的是建筑装饰。

3.5　按装饰与结构的关系划分

根据装饰与结构的不同关系，可以将装饰分为：结构装饰和非结构装饰。结构装饰属于结构的一部分，是从结构出发，或强烈暗示结构系统、建造体系的装饰，例如柱头、檐口等；那些加在完成建造的结构之上的装饰，如壁画、壁纸、马赛克等，则属于非结构装饰。

以上每一种分类方法都涵盖了整个装饰领域，因此许多装饰会在以上5个分类中找到自己的位置。例如旋子彩画是一种通用的、非结构的色彩装饰。

对于装饰进行分类的最主要目的是在研究过程中，有助于对装饰进行分析、讨论和评价。因此装饰的分类方法并没有一定之规，面对不同的问题和不同的研究方向，会存在不同的分类方法。并且装饰本身是一个复杂的综合问题，它涉及了十分丰富的内容，上述分类方法是针对装饰自身构成的一些特征，并没有考虑装饰的社会内容、文化内容等诸多深层次的内涵。在对装饰分类方法学习过程中，需要注意的是避免程式化的僵化分类，学会依据研究课题，将研究对象进行带有逻辑关联的梳理。

本教材对建筑装饰的普遍问题的研究中所采用的主要分类方法是：依据装饰构成的主要形态和内容，将建筑装饰分为图像装饰、造型装饰和色彩装饰三大类，针对每一类装饰与建筑的关系和功能作用再进行细分。

第4节　装饰的功能

在前面对装饰的定义中，已经谈到装饰最主要的功能是使人愉悦。使人愉悦固然是装饰的重要功能，但这仅仅是对装饰功能的一个抽象的描述。下面我们将根据装饰与建筑的关系、装饰与视觉的关系以及装饰与社会文化的关系进行具体的讨论。

4.1　装饰与建筑

建筑装饰通常出现在建筑的边缘或构件的交接处，装饰的出现正是为了突出或掩饰这些交接构造。例如我们已经熟悉的拱门上方的拱顶石，或者柱子尽端的柱头装饰（图1-4-1），是为了突出建筑构件之间的交接，从而使建筑结构特征在视觉体验中更加明确，并且表现出结构中力的传递。这种建筑装饰是帮助阐述建筑的本质。而檐口、天花，以及屋面等部位的装饰则是为了掩盖诸多构件在这里的交接。一个建筑物中充满了各种复杂的构造，并且这些构造主要遵循的是稳固、实用、经济等原则。在这种情况下，一些构件的交接难免会无法满足审美的要求，建筑装饰的使用就是为了掩盖真实的交接，使这些交接之处呈现出视觉美感（图1-4-2）。

图 1-4-2 中国民居建筑中的牛腿造型装饰
（图片来源：新叶村，中国建筑工业出版社，2006）

图 1-4-1 古代希腊建筑中的柱头
（图片来源：GREEK ARCHITECTUR，Yale University Press，1994）

同时，建筑装饰还可以成为边框，在划分室内与室外的同时，为人们的视觉体验增加了一个层次，就好像绘画作品的画框——区分现实与幻想世界的边界。例如，中国传统建筑中的隔扇、江南园林中的花窗都起到了这样的作用（图 1-4-3、图 1-4-4）。这种边框和界面的功能在当代建筑装饰中表现得尤为突出。

图 1-4-3 中国传统建筑中装饰形成的边界
（图片来源：《紫禁城宫殿》，生活·读书·新知 三联书店，2006）

图 1-4-4 故宫透雕鱼鳞牡丹花卉落地花罩形成的边缘
（图片来源：《故宫建筑内檐装修》，紫禁城出版社，2007）

装饰与建筑是再现与本体的关系，即建筑和装饰的关系属于结构和饰面之间的关系。建筑核心的基本结构称之为建筑的本体，那么装饰是附在这个本体之上的象征性表现。装饰有助于强化建筑的形式、再现形式的地位和潜在价值。当然也有一些理论家试图重新认定本体与再现的关系，例如哈里·马尔格雷夫（Harry Mallgrave）曾经将象征视为第一性的，而将结构视为第二性的❶。

4.2 装饰与视觉

建筑装饰是一个巨大的媒介。通过装饰，我们可以与环境中的其他元素进行感官、文化、时间等各个层面的交流。建筑装饰实际是一个转化方式，即从植物、动物、人、几何图形、文字中吸收各种元素，通过材料处理、调整色彩、修改比例等手段，将这些元素融入到建筑当中。通过这样的处理，建筑成为视觉文化的一种表现。

4.2.1 符号的功能

装饰的符号功能是一种独立于文脉之外，对自然形态和图像的表达。人类凭想象创造，将自然中的事物进行复制、延展，使其符合人类自身的心态。这种做法使人类能够通过自身的活动洞察大自然的整体和谐。这种对大自然的欣赏与艺术欣赏没有太大差别，这样的装饰属于一个较为低级的审美范畴。建筑中的符号性装饰的使用是为了将这种对自然的解读和理解附着到建筑当中，使观察者轻易地接受到他们所熟悉的符号，产生更顺利的交流和认同。

4.2.2 表达功能

装饰的表达功能是通过对一些由自然形态生成的装饰词汇（装饰的基本单元）进行组合、定义，将自然的理性原则转化到人工制品中。不同于符号功能，装饰的标记功能在很大程度上依赖文化，不同的文化环境会产生不同的转化结果。

在人类的最初阶段，原始人就开始对大自然的创造规律，及其在时空中若有若无的节奏充满兴趣，通过花饰、串珠项链、涡卷形装饰、旋舞以及伴随的音韵、节拍等来表达这种乐趣。这就是最高最纯粹的两种非自然模仿的艺术音乐和建筑的起源。建筑中的一类装饰就是来自于人类对这种乐趣的表达，这种表达的形式构成了各个地域的文化（图 1–4–5）。

图 1–4–5 赫尔佐格 & 德梅隆建筑中西方传统纹样的使用
（图片来源：赫尔佐格 & 德梅隆，Croquis，2005）

4.3 装饰与社会文化

装饰可以传达观念和思想。建筑中单纯的结构和功能无法传达任何思想和观念，而建筑装饰中的图像除了能传达当代的形式和风格之外，可以表达功能、历史和社会含义。

4.3.1 象征功能

具有象征功能的建筑装饰，既不表现自然，也不表现自然的结构，而是强调观念。通过装饰艺术性地揭示建筑和其他文化、艺术的内在含义。尤其在古代社会，作为信仰和精神的寄托、统治阶级权力的代表、

---

❶《装饰新思维——视觉艺术中的愉悦和意识形态》，大卫·布莱特著，张惠，田丽娟，王春辰译，江苏美术出版社。
"我把装饰的功能分为个人经验方面的功能和社会功能，这种区分是为了简便起见：因为在感受力、个人愉悦以及那些能够表明社会关系网络的因素之间作出了一个界定性的区分是错误的。"

民众活动的场所，建筑的象征性意义甚至大于它的使用功能。但是建筑本身的结构、形态、体量，乃至材料都是一般民众无法理解的抽象元素，不直接将那些隐藏在这些元素之中的思想、历史和社会含义表达出来。装饰特有的图像特征、造型特征和色彩特征，使其成为更容易被解读、接受和理解的信息传达方式。因此在各种文化和各个时期内，建筑装饰的象征功能甚至超出了审美需求，成为最重要的功能。例如在基督教建筑当中，装饰就是基督教教义的图形表现（图 1-4-6）；而在中国建筑当中的色彩装饰几乎就是等级地位的说明（图 1-4-7）。

图 1-4-6 San Gilles 外立面
12 世纪，外立面中的装饰是典型的中世纪象征性装饰
（图片来源：Early Medieval Architecture，Roger Stalley，Oxford University Press，1999）

图 1-4-7 太和殿龙凤角蝉云龙随枋套八方角浑金蟠龙藻井对皇权的象征
（图片来源：《故宫建筑内檐装修》，紫禁城出版社，2007）

4.3.2 社会提示

装饰的社会提示功能是指装饰可以表现出人在社会中所属的位置和团体。装饰所反映出的“趣味”是一个团体构成的标志，或者这个团体共同分享的某个现象。个体愉悦、社交生活，以及意识形态上的信仰等因素，通过装饰——有具体形象的形式被整合到一起，从而使个体与公众和社会对接起来，形成一种相互渗透、影响的关系。装饰的这种功能使各个时期的建筑装饰风格都代表着一个阶层的文化、审美取向（图 1-4-8、图 1-4-9），并且这种功能一直保持到现代社会。最好的例子就是当今各房地产项目中，建筑的立面设计和样板间的室内设计无一不把客户群的定位作为设计方案的重要依据。

图1-4-8 梅迪奇画像

（图片来源：Art in Renaissance Italy，Evelyn Welch，Oxford University Press，1997）

图1-4-9 梅迪奇家族私人礼拜堂中的壁画

（图片来源：Art in Renaissance Italy，Evelyn Welch，Oxford University Press，1997）

第5节 建筑装饰的学习

5.1 装饰风格和历史

建筑装饰历史是建筑历史和人类文明史的一个重要分支。“风格”拥有自己的特征和品质。装饰的历史风格是指在不同时间，流行于不同国家的装饰方法和体系，并且这种装饰经历了一定时期，在一定地域内有过相当的繁荣！例如哥特建筑装饰风格、清代彩画风格等。历史上的装饰风格——不同时期、地区、种族的装饰现象可以为我们提供发生在历史中的各项艺术运动的内在联系和有价值的信息，以及人类文明进步的轨迹。

每一个历史风格都会经历产生、发展、成熟和衰退的过程，之后逐渐消失，被新的风格所取代。新的风格或是来自其他文明，或是从对衰退风格的变化而来。在同一时期出现的多种装饰形态往往仅有少数几种被人们反复使用，而大多数则逐渐消失。在对这些装饰形态的使用过程中，经过无数的细微改变风格逐渐地发展并开始转化。风格是一个在种族中、时间中缓慢生长的现象，绝对不会是突然转变。风格的发展与生物学有许多相似之处，依靠遗传基因进行传播，（血缘）类型有持久性，偶发基因突变（返祖现象），对自然会作出相应的反应，并且还有从简单到复杂，从单元到组合的不断的、发展的过程。对装饰历史风格的学习是帮助我们了解建筑历史和文化历史的一个重要手段。

5.2 装饰和人类自身

装饰冲动是人类作为一个物种与生俱来的能力，它的存在甚至先于历史文化的出现。装饰冲动的存在有助于感知我们所创造的世界，其中包括我们对自己身体的认识。人类通过身体体验环境。无论是人类体验自然的最初直觉，还是语言、神话和习俗都是人类在自我实现的过程中所创造的隐喻性产品。从原始社会开始，装饰的要素和方法就是人们在观察和制作中长时间思考与体验的产物。学习装饰可以帮助我们更细致地观察我们所处的美妙世界。设计是一个与人的感知紧密相关的工作，如何建立感官与作品的关系是每一个设计师都在追求的事情。装饰——这个古老却从未离开我们的“东西”——记录了各个时代人对环境、对文化和对社会的体验，其中或许有我们期望的答案。

5.3 装饰的研究方法

对于装饰问题的传统研究方法多是对装饰历史的一种记录和描述，主要可以分为两种，第一种是研究装饰母题的起源和发展，通过记录和分析每一个装饰母题在各个时期的表现形式，寻找其内在的联系和发展规律；第二种是研究装饰历史风格的起源和发展，通过列举、分析各时期、各地区与装饰有关的母题、类型、表现形式，讨论装饰在时间和地域的关系。这两种研究方法都属于以时间为线索，对以往装饰形式的梳理。19 世纪前后西方装饰理论家所做的大量装饰研究工作都是属于这两种。这种庞大繁琐的整理工作，系统地总结和归纳了西方各时期，以及其他地区的建筑装饰的元素、形态和发展特征，为当时的装饰学习提供了丰富的材料。尤其是大量的图案收集和分类研究更是对古代装饰艺术的完美总结，当时装饰理论家和学者的热情为今天的设计师留下了珍贵的遗产。

但是，现今对于建筑装饰的学习我们不能仅仅停留在对风格特征的掌握和对纹样的了解上，一方面是由于当今的建筑理论与 20 世纪初相比已经发生了巨大变化，对于建筑的理解、关注的问题和设计方法都发生了一些本质的变化，因此作为建筑一部分的装饰与之的关系自然会随之而变，面对这些变化，我们更需要关注的是两者之间的关系；另一方面，在今天的数字环境中，装饰本身的材料、制作工艺和施工技术的变化是革命性的，无论是建筑史还是装饰艺术历史都从未经历这样的变化。对于装饰的讨论已经不应该只停留在形式表面，作为这个时代的设计师，认识建筑装饰问题必须从建筑、材料和工艺开始。

第2章 图像装饰

我们的时代是一个视觉时代，我们从早到晚都受到图片的侵袭。在早餐读报时，我们看到新闻中有男人和女人的照片，从报纸上移开视线我们看到食物盒上的图片。邮件到了，我们开启一封封信，光滑的折叠信纸上要么是迷人的风景和日光浴中的姑娘，使我们很想去作一次旅行；要么是优美的男礼服，使我们不禁想去订做一件。走出房间后，一路上的广告牌又在竭力吸引我们的眼睛，试图挑动我们去抽上一支烟，喝上一口饮料或吃上点什么的愿望。上班之后，更得去对付某种图片信息，如照片、草图、插图目录、蓝图、地图或是图表。晚上在家休息时，我们坐在电视机这一新型的世界之窗前，看着赏心悦目或毛骨悚然的画面一幅幅闪过。即使在过去遥远的异国创造的图像，也能够比以往任何时候都更快地接近公众——这些图像本来就是为公众创造的。

——贡布里希《图像与眼睛》

人类文化从视觉认知和感受的角度，可以分为文本文化和图像文化两大类。文本是人类发展到一定阶段，为了更系统地传达和沟通需要而创造的一种符号系统。图像则是人类建立在对自然界的模仿和想象的基础上，创造的一种表达和传达的方式。在建筑中，一些重要的结构信息、空间信息、社会文化观念、思想和意识形态的表达和传达，都是建立在纹样、图案、图形，以及它们所构成的画面之中。

第1节 图像装饰的构成和分类

在传统装饰概念中，属于图像装饰范畴的主要内容是纹样和图案，但是如果对于图像装饰的讨论只涉及这两个内容是不够的。一方面是由于从建筑产生之时，几乎所有的图像艺术形式都是作为建筑的一种装饰形式存在，无论是壁画、天顶画还是马赛克艺术。这些图像装饰对建筑至关重要，图像艺术不但伴随着建筑的发展生长、变化，并且赋予了建筑诸多层次的内容。另一方面，当今建筑中所应用的图像装饰内容和形式已经不仅仅属于纹样和图案的范畴，而是充满了复杂性和多样性。因此本章中所讨论的图像装饰，既包括传统意义的装饰纹样和图案的内容，同时还将建筑中具有装饰作用的各种图像艺术形式纳入讨论范围。

1.1 图案和纹样

1.1.1 图案的母题

图案母题是图案的根本内容，也是决定图案所呈现状态的决定因素。图案的母题具有三个重要特征：①图案母题的产生受地域的影响，有明显的地域特征；②装饰母题的传播和流传通常是基于相同的文化环境；③图案母题的出现、变迁和消亡伴随人类社会、文化的发展，有强烈的时代特征。

1.1.1.1 图案母题的地域特征

从古至今，在所有文化中的图案，数量最可观的装饰图案母题来自于植物和动物。地域所造成的物种的差异，使图案母题从产生之初就带有强烈的地域特征。例如在古代埃及，尼罗河畔的每个部落都选择当地那些强壮、拥有令人畏惧本能的动物——公牛、狮子、豺、鳄鱼、眼镜蛇、鹰等作为本部落的图腾。之后，这些具有动物形象的图腾转化为各小国的保护神，如埃德富崇拜鹰神、赫尔摩波里崇拜朱鹮神、法尤姆绿洲崇拜鳄鱼神等。除此之外，古代埃及人日常接触的各种植物，莲花、纸莎草等，自然地被转化为各种图案和纹样（图 2-1-1），应用在建筑、器物和织物当中。这些自然的或是由自然形态转化而来的动物、植物构成了埃及装饰纹样特有的各种母题。带有类似地域性的装饰母题，是构成各地区装饰图案特征的主要内容。

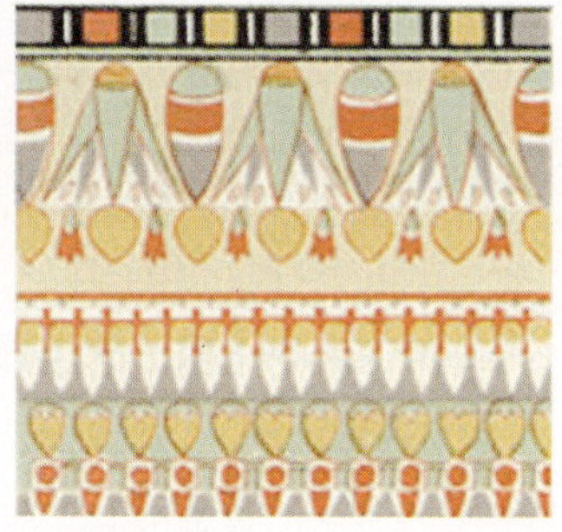

图 2-1-1　古代埃及图案
这些线性分布的带状图案中共同的母题是莲花蕾和纸莎草
（图片来源：《装饰基本原理》，欧文·琼斯，1856）

1.1.1.2 图案母题的文化特征

装饰图案除了有自然环境因素造成的地域性之外，还存在由社会、文化所形成的文化特征。装饰母题的文化特征在宗教文化中表现得最为突出，例如同属于基督教文化的国家和地区，尽管自然环境存在很大差异，但是那些建立在宗教文化基础之上的装饰母题，仍然可以毫无障碍的传播。例如盛行于欧洲中世纪的烛台纹样在西方基督教国家中一直得到使用；而莲花纹、宝相花纹这些典型的佛教纹样母题则广泛地应用于佛教文化地区。

除了宗教文化之外，世俗文化也是装饰母题形成和传播的重要因素，文化的价值认同会使一些母题长时间得以流传。例如中国装饰图案中松、竹、梅、兰母题背后的文化含义，在中国的文化语境中路人皆知，但是脱离了这个语境之后，其他文化则无法理解其深层次的象征意义。

1.1.1.3 图案母题的时代特征

古代建筑中装饰图案和纹样的母题在相当长的时间里维持了一种稳定的状态。从古代希腊到古代罗马，一直到文艺复兴，在这漫长的近 2000 年的历史中，一些建筑装饰图案的母题，如莨苕纹（图 2–1–2）、藤蔓纹、涡卷纹，枝状图案（图 2–1–3）一直被延续使用。虽然一些细节和形态处理上发生了变化，但是母题本身并没有改变。装饰母题革命性的变化伴随着几次大的历史变革发生，19 世纪的工业革命后的机器时代，以及计算机技术带来的数字时代都造成了装饰母题根本性的变化。尤其是计算机技术在当代的建筑设计和生产中使用，使得装饰母题第一次由以前的简单纹样向复杂的图像转变，甚至于开始向三维的立体化方向发展。

图 2–1–2　古代罗马莨苕纹

图 2–1–3　古代罗马枝状图案
（图片来源：《装饰基本原理》，欧文・琼斯，1856）

赫尔佐格和德梅隆 1994 年设计的艾伯斯瓦德科技大学图书馆，装饰性表皮中使用了古典绘画、现代摄影等各种图像，并将图像的修辞意义加入到了建筑立面"图案"当中（图 2–1–4）。在马德里 Caixa Forum 博物馆项目中，年代久远的砖砌墙面形成的肌理和铸铁上砂模留下的印迹为设计师设计"图案"提供了新的思路（图 2–1–5）。通过对生锈的铁板的细致观察和元素提取，设计师用数字技术将锈斑的自然状态进行了处理，并生成了最终的图案。

图 2–1–4　艾伯斯瓦德科技大学图书馆，赫尔佐格 & 德梅隆
（图片来源：Herzog & De Meuron Natural History, Phlip Ursprung, Lars Muller Publishers, 2002）

图 2-1-5 Caixa Forum 博物馆，赫尔佐格 & 德梅隆
（图片来源：《建筑细部》，2009 年 4 月）

1.1.2 图案纹样的分类

传统的图案纹样分类是依据图案纹样母题的性质，将图案纹样划分为三种类型：几何纹样、自然纹样和综合纹样。这是一种十分概括的分类方法，其中的缺陷在于涵盖的内容过于丰富，例如自然纹样这一类型，除了几何纹样之外，所有的图案纹样似乎都属于这个范围。并且自然纹样中还包含了一些形态更接近于几何纹样的图案，例如水纹和云纹；或是一些并不属于自然中但存在于人类想象中的怪兽、神兽等。我们必须清晰地认识到，对纹样进行分类是为了便于我们研究。在很多情况下，研究内容的不同就会有不同的分类方法，例如，我们如果从宗教文化的角度研究纹样，可能就应该将纹样分为宗教纹样、非宗教纹样，之后再进行细分，因此图案的分类方式决不是一定之规。本章作为对纹样进行知识性的介绍，使用传统的分类方式还是比较适当的。

1.1.2.1 几何纹样

几何纹样是以几何形（包括简单的点、圆和直线等）为母题而组成的图案纹样，是出现最早、应用最为广泛、应用时间最长的纹样。几何纹样几乎存在于所有早期人类文明的装饰当中，无论是埃及文明、亚述文明，还是中华文明，例如回纹、连珠纹等。

回纹（也有人将我国的回纹与云雷纹归为一类），是生命力很强的一种纹样[图 2-1-6（a）]，甚至一直沿用至今。除了埃及回纹和希腊回纹之间存在某种传承关系之外，学者们一致认为回纹是各个地区原创的一种纹样。但是为什么在不同地区、不同文化中都会出现这种纹样也是争论不休的问题。连珠纹是另一种简单而常见的纹样，其形态为排列整齐的圆圈[图 2-1-6（b）]。在建筑装饰中，通常当作辅助纹样使用。早在南北朝，连珠纹就已经成为了一种常见的纹样，之后，连珠纹不断发展变化，圆形连珠逐渐成为独立单元，内部加入鸟兽花叶等，组合成为更复杂的其他纹样。以上两种纹样都是典型的几何纹样，前一种是由“线”构成，后一种则是由“点”构成，这些由几何图形构成的纹样通常具有严谨的、有逻辑的构图。

(a)古代希腊几何回纹
(图片来源:《装饰基本原理》,欧文·琼斯,1856)

(b)中国唐代织物连珠天马纹锦
(1927年出土于中国天水)

图2-1-6 几何纹样

1.1.2.2 自然纹样

自然纹样就是人们通过观察自然中的现象和事物,并总结和概括这些想象和事物的形象特征发展而来的纹样。根据观察对象的不同,自然纹样分为植物纹样、动物纹样、人物纹样,除此之外还有云纹、水纹等其他类型。

(1)植物纹样:所有由植物变化而来的纹样称为植物纹样,也是一种古老的纹样形式。例如在我国三国时代的瓦当,南北朝时期的花砖、瓦当,及藻井中都出现了莲花纹。莲花纹也是古代埃及最典型的纹样之一,在古代希腊建筑中也有莲花纹的使用。除此之外,带状形态的卷草纹、忍冬纹、棕叶纹、藤蔓纹等,都是建筑装饰纹样中使用频繁的植物纹样和图案。

(2)动物纹样:表现动物形态和特征的图案纹样为动物纹样。一个有趣的现象是,古代建筑装饰中,写实的动物图案纹样十分罕见,希腊建筑当中的一些动物头像应属于自然的动物纹样。更多的动物纹样实际上是基于人类想象而创造的大量的非自然生物(图2-1-7),例如我国的龙纹、凤纹、四神纹样[1];希腊、罗马建筑装饰中常见的狮身鹫首怪物 griffin(图2-1-8)、狮头羊身蛇尾怪物 chimera、狮身人面怪物 sphinxes 等,这些从神话和传说中的"动物"发展而来的装饰图案纹样构成了建筑装饰中十分重要的部分。

图2-1-7 经过变形的古代狮纹
(图片来源:《拜占庭艺术》,[美]托马斯·F·马太,卢峭梅译,中国建筑工业出版社,2004)

图2-1-8 古代罗马狮身鹫首怪物 griffin
(图片来源:《装饰基本原理》,欧文·琼斯,1856)

[1]四神纹,指青龙,白虎、朱雀、玄武。四神纹样在建筑中得以广泛应用的最主要的一个原因是它所特有的方位性(东青龙、南白虎、西朱雀、北玄武),这种方向性可以很自然地与建筑的方向相呼应,在出土的各代瓦当中,四神纹样占有很大比例。

（3）其他自然纹样：除了植物、动物图案纹样之外，一些自然现象和自然中的其他事物也被发展成为了装饰图案，如我国的云纹[1]、水纹；埃及建筑中的太阳纹等。

1.1.2.3 综合纹样

除了单纯的几何纹样、自然纹样之外，很多图案是由几何纹样、自然纹样或其他纹样组成的一种较为复杂的纹样；以及一些因地域和文化所产生的不具普遍性的图案纹样类型，例如文字图案、宗教图案等。中国的文字属于象形文字，将文字作为装饰纹样运用在建筑中十分常见，有时甚至并不需要对文字进行过多的调整和变形。当然也有一些文字经过整合之后具有更强的纹样特征，如“寿”、“喜”等。再如宝相花，是佛教建筑中常用的一种图案纹样，之后也应用在其他建筑形制当中。“宝相”的意思是庄严的佛。宝相花图案是以莲花为原形加工而成的，虽然据说有一种植物称为宝相，但是这种图案并不是由对自然的观察而来，因此不属于自然纹样。这一类具有多重特征的纹样，我们将其归入综合纹样。

1.2 图形和绘画

建筑装饰当中的图像装饰还包括带有自然写实特征、文化象征意义或叙事性的图像。这些图像应用在建筑中除了视觉审美的需要之外，往往还具有深层的文化意义。这部分内容将在图像装饰的性质一节重点介绍。

第2节 图案在建筑中的应用

2.1 图案与建筑边缘

在古典建筑中，纹样通常使用在建筑的主要边缘之处，例如檐口、墙面的转角、形体的交接处等。在这些带有边界性质的建筑部位，线性的几何纹样其形态规则、整齐的图案结构特征，有利于帮助在视觉上建立建筑边缘的围合感受。因此，在各国建筑中，边缘装饰图案几乎都选择了几何纹样或带有几何特征的线性装饰。图 2-2-1 中古代希腊爱奥尼柱式建筑的檐口部位使用了一系列线形几何装饰纹样，通过增加檐部的体量感和丰富性，创造出饱满的建筑边缘。图 2-2-2 中建筑拱廊边缘的处理方式则通过应用复杂的、组织精密的图案，以及图案上部砖石砌筑形成的纹理增加拱廊边缘的层次。

以上两个案例都是古代建筑中处理建筑边缘的常用手法。尤其在西方砖石建筑中，图案会根据建筑材料的特征被处理为不同的形式，而不仅仅是平面化的表现，更为常见的是带有光影效果的浮雕效果。

[1]云纹，是中国最早装饰纹样之一，由连续的漩涡装饰线条构成。新石器时期的彩陶中就已经出现，在汉代广为流行，这一时期的出土建筑构件中云纹的使用也最多。

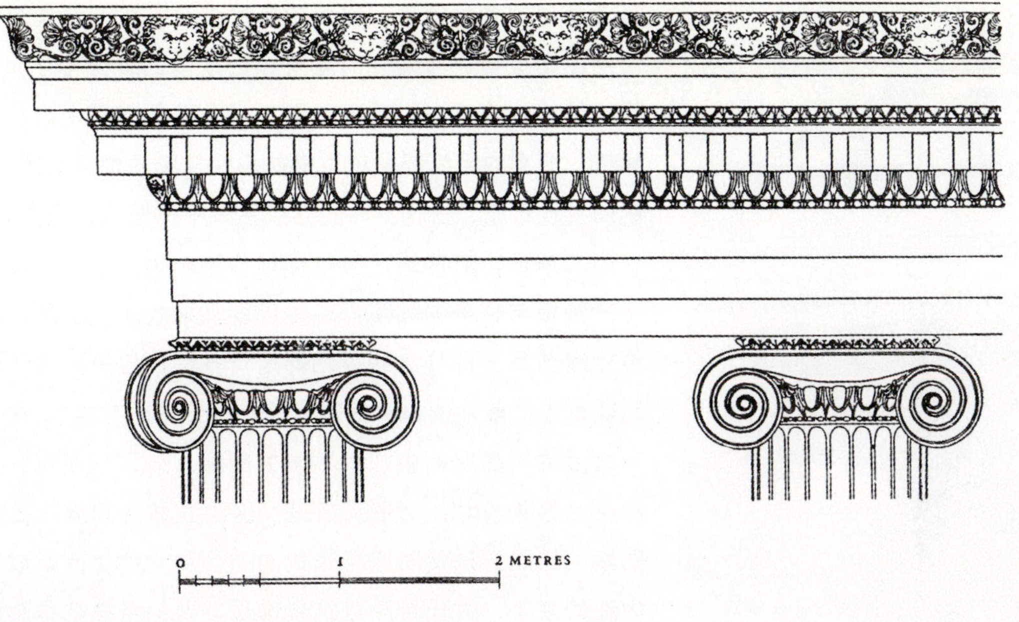

图 2-2-1　希腊爱奥尼克柱式中的檐部
（图片来源：GREEK ARCHITECTUR，Yale University Press，1994）

图 2-2-2　Santa Maria，罗马尼亚，11 世纪
（图片来源：Early Medieval Architecture，Roger Stalley，Oxford University Press，1999）

2.2　图案与建筑

建筑立面由各种建筑构件组成，既有建筑的主体结构，例如梁柱结构建筑中横向的枋和竖向的柱，或堆砌结构中的门窗等各种开洞。图案装饰在建筑立面中很重要的一个作用就是将建筑构件进行进一步的划分和组织，使它们被统一在立面当中，形成完整的视觉效果（图 2-2-3）。通过使用装饰性的图案，建筑构件被分割成有节奏感的若干区域，一方面弱化整个建筑的体量感，避免视觉单调；另一方面也有助于观看者理解和解读建

图 2-2-3 古代希腊建筑立面
（图片来源：GREEK ARCHITECTUR，Yale University Press，1994）

筑立面中的各种信息。作为建筑的附属艺术，建筑装饰使用图案进行立面划分的重要原则是依据结构特征。在梁柱结构的建筑中，无论是西方古典建筑还是中国古代建筑，图案的组织都是依据横向构件与竖向构件的关系。例如古代希腊、古代罗马多立克建筑中檐壁的处理方式：使用三条板，简单的几何纹样划分整个横向额枋（请注意三条板与柱子的关系：在古代罗马建筑中，三条板的中轴线与每一棵柱身的中轴都是对齐的；但是在古代希腊建筑中，最外侧的两根轴线是与柱外皮对齐的）。在划分之后的间隔空间中加入不同的图案，如人马图案、狮身鹫首怪物 griffin、牛头饰等。这种立面的划分方式和图案的组织方法使图案与建筑的结构和构件之间形成了内在的联系，古代希腊建筑装饰最重要的特征就是装饰与结构之间的逻辑关系，在它之后，西方古典主义建筑装饰中图案的使用一直都遵循这种关系。

尽管中国官式建筑中图案的应用有一系列完整、复杂的规定和范本，但是建筑立面中图案使用最根本的原则，同样是处理建筑横向构件和竖向构件的关系。中国古建檐柱部位的彩画构图，无论是和玺彩画、旋子彩画，还是苏式彩画，在横、竖构件相交部位的处理都十分近似，主要原则是强调竖向构件与横向构件的穿插关系，图案的变化主要集中在额枋的中段（图 2-2-4、图 2-2-5）。

图 2-2-4 中国传统建筑旋子彩画装饰
（图片来源：《紫禁城宫殿》，生活·读书·新知 三联书店，2006）

图 2-2-5 中国传统建筑和玺彩画装饰
（图片来源：《紫禁城宫殿》，生活·读书·新知 三联书店，2006）

在券拱结构的建筑表面，图案的组织方式仍然遵循了符合结构特征的原则。从图 2-2-6 和图 2-2-7 可以看出，不同的装饰图案构图使拱顶形成不同的视觉效果，从而影响人的空间感受。图 2-2-6 中的图案充分利用了拱顶中间较宽的面积，将方形组织在其中，创造出一个带有轴线的对称形式的天花装饰。而图 2-2-7 中的图案采用了匀质的构图方式，只进行间隔式的划分，很好地回避了拱顶中部狭窄部分的问题。这两个拱顶装饰案例，图案的分布和排列都成功地诠释了结构的特征，并通过装饰设计在结构和视觉之间创造了完美的平衡。

图 2-2-6　梵蒂冈宫天花装饰（一）

图 2-2-7　梵蒂冈宫天花装饰（二）

还有一种情况是在建筑表面中大面积使用图案。在这种情况中使用图案的特征是以几何纹样作为划分区域的边界，中间加入自然图案或其他图像。植物纹、动物纹、人物纹都被自由地应用到建筑的表面当中。图案的主要作用不再是帮助建立视觉的围合，而是为了建立建筑表面。各元素之间的关系，这种关系的形成和组织依靠的是图案的构图、色彩、纹样。在图案的作用下，建筑改变了原有的面貌，形成了新的形态特征（图 2-2-8）。

图 2-2-8　陶瓷装饰立面，维也纳，奥托·瓦格纳（图片来源:《建筑细部》，2009 年 4 月）

第 3 节　图像在建筑内部的应用

3.1　图像与空间

不同于上述的两种情况，在建筑中（包括室内和室外）还有一些部位会出现体量较大、形状完整的面，例如建筑的基部、基座、山墙、室内墙面等。装饰这些面的图像内容丰富、形态复杂，形式更为多样，带有故事情节的连续图像也经常出现。其中，室内墙面图像装饰是西方建筑中最精彩的装饰形式之一。

通过图像装饰手法，创造建筑立面和室内空间的连续性，是建筑装饰中不可忽视的一个重要手法。图像装饰在建筑中和空间的紧密关系在庞贝遗址的壁画中就已经得到了

体现。古代庞贝人对于独立的房间、套间，甚至整个住宅的图像装饰的组织和安排，都是针对空间的整体“设计”，在壁画中尤其强调不同墙面上图像之间的关联，甚至图像与周围其他装饰之间的关系（图 2-3-1）。图像装饰在西方建筑中的应用从来就不是独立的场景。

庞贝遗址中 Villa of Mysteries 中墙面壁画（图 2-3-2、图 2-3-3）通过内容、色彩上的绝对一致，以及人物的动态的相互关联，使得每一个墙面相互呼应，从而创造空间的完整感受。

图 2-3-1　庞贝古城中的室内壁画

（图片来源：Ornament and the Grotesque，Thames & Hudson，2008）

图 2-3-2　Villa of Mysteries 室内壁画（一），庞贝，意大利

（图片来源：Classical art，Mary Veard and John Henderson，Oxford University Press，2001）

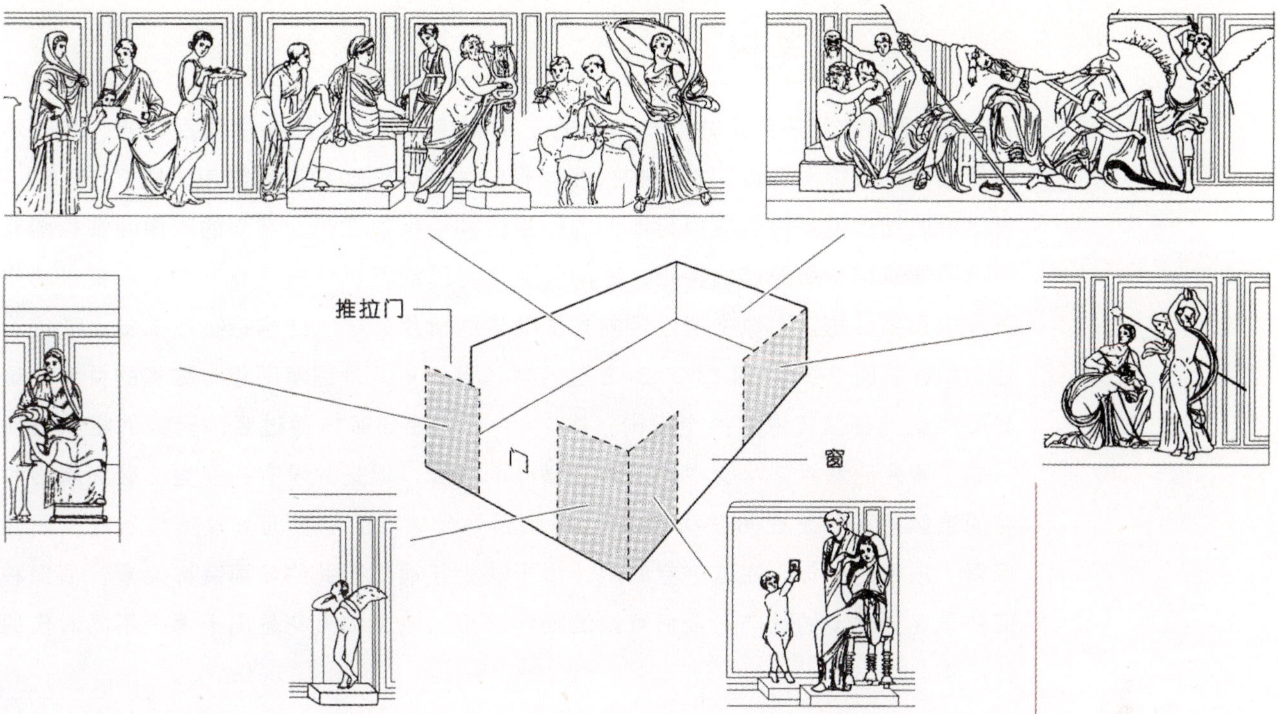

推拉门

门

窗

图 2-3-3 Villa of Mysteries 室内壁画（二），庞贝，意大利

（图片来源：Classical art，Mary Veard and John Henderson，Oxford University Press，2001）

文艺复兴时期，意大利曼图亚的皮克塔屋（The Camera Picta in Mantua）中，建筑内部壁画中的人像看起来俨然是室内空间的延续（图 2-3-4）。同时，安德里亚·曼塔那（Andrea Mantegna，1431—1506）将天顶的图像描绘成一座阳台，阳台上的小天使则在广阔的天空之下俯视室内。这是文艺复兴时代第一个“仰角透视”（Sotto in Su）的幻觉装饰画。这种构想在拉斐尔（Raphael）和科雷吉欧（Correggio）之前没有人加以探讨，直到巴洛克时代才得到充分发展。利用建筑中的图像装饰营造空间，在文艺复兴晚期和巴洛克时期达到了顶峰，图像已经不仅仅是帮助建立空间的完整性，而是发展成为创造空间的延伸感受的手段。透视强烈的图像使空间在视觉上向外延伸、扩张（图 2-3-5）。

图 2-3-4 皮克塔屋中壁画（一）（The Camera Picta in Mantua），意大利

（图片来源：Art in Renaissance Italy，Evelyn Welch，Oxford University Press，1997）

图 2-3-5 巴洛克时期天顶画，罗马，S. Ignazio

（图片来源：Art and Architecture in Italy，Yale University Press，1999）

3.2 图像与结构

“图案在建筑中的应用”一节分析了图案组织与建筑结构之间密切的关系，建筑内部墙面的装饰图像与建筑结构存在同样的关联。例如在皮克塔屋（图 2-3-6），带有拱顶的结构使室内的墙面与顶部的衔接区别于平顶建筑；墙面的图像装饰构图充分考虑了建筑结构所形成的特征，竖向的装饰带已经不仅仅是建立节奏感，更多的作用是呼应顶部结构。图像中通过竖向构图元素的运用，建筑结构特征在视觉上形成连续性。如果将图 2-3-7 和图 2-3-8 进行对比可以更好地理解图像与结构的关系。这两张图片是梵蒂冈宫中的两个房间，图 2-3-7 的墙面装饰通过竖向元素的组织与顶部形成了紧密的联系，尽管中间加入了横向的线脚，但是并没有在视觉上破坏墙面和天花的连续感；但是在图 2-3-8 中，房间因现代功能的需要而被改造成展厅，因此只保留了顶面的装饰，在这个空间中，由于缺少与顶部有关的墙面装饰元素，顶部和墙面处于完全分离的状态，我们可以清晰地分辨出墙面和天花是属于两个不同时代的设计产物。

图 2-3-6 皮克塔屋中壁画（二）（The Camera Picta in Mantua），意大利

（图片来源：Art in Renaissance Italy, Evelyn Welch, Oxford University Press, 1997）

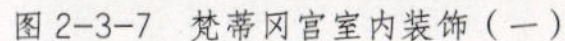

图 2-3-7　梵蒂冈宫室内装饰（一）

图 2-3-8　梵蒂冈宫室内装饰（二）

第 4 节　图像装饰的性质和作用

4.1　图像装饰的象征性和思想的表达

图腾与巫术、灵魂与鬼神是古代人类最普遍的信仰，是他们全部生活的基础和支柱。神话自然也就成为了最早的文学形式，这实际上是原始思维的产物。在任何地区、任何文化中，早期建筑中图像装饰最主要和最普遍的内容和题材就是神话传说。

古代埃及神话是世界上最早、最原始的神话之一。这些多神信仰或主神信仰的神话，与古埃及宗教有极密切的关系。古埃及人类生活的各个领域都有一个或几个神管理，如太阳神瑞（希腊文读音为“拉”），水神努，尼罗河神、土地及丰收之神、繁殖之神、冥王奥西里斯，恶神赛特，死神阿努比斯，地神该伯（又名赛伯），还有永生凤凰、斯芬克斯等。其中拉和奥西里斯是其中两大主神。这些神话形象与人的生活息息相关，无论是生前还是死后。在埃及的神庙建筑、宫殿建筑、陵墓建筑中充满了各种半生活、半神话的场景（图 2-4-1）。类似埃及图像中由神话发展出来的象征装饰图像，在人类早期文明中十分常见，

图 2-4-1　Tomb of Tut-ankh-amon 中的壁画，18 王朝

（图片来源：The Art and Architecture of ancient Egypt，W·Stevenson Smith，Yale University Press，1998）

神话内容的装饰图像对自然和世界的理解和解释所传达的含义已经超出了审美的范畴。解读这幅图像，就像要理解其他埃及建筑壁画一样，并不是很容易的一件事。观察者必须了解当时埃及的所有文化才有可能理解图像的全部内容，每一个形象都有非常明确的代表和象征意义。

中国的装饰纹样中存在同样的象征性，这是中国装饰纹样中最大的一类，通常被人们称为“吉祥图案”。这种纹样的内容题材包括了山（五岳、仙山、神山），云，气，祥瑞动物、植物等各种自然现象和生物，是中国建筑装饰最有特点的部分，也是最能够反映中国文化的一类装饰纹样。之前的研究将这些纹样归为自然性图案，但是这一类祥瑞纹样并不是对自然的简单、直接的模仿。另一种常见的阐述是谐音的解释，这固然是构成祥瑞图案的一类，但是祥瑞图案的最早产生并不是语言的一种图形转化。

祥瑞是中国古代人们认为代表“上天垂象”的一些自然现象。例如一只美丽五彩的鸟飞上宫殿屋顶，或帝王在狩猎中遇到一只麒麟等，这些都被理解为上天对帝王或其统治国家的赐福，祥瑞的出现意味着帝王的英明睿智，治国有方；与祥瑞相反的是“灾异”，例如日食、月食、地震洪水等。古人对自然现象的这些解释早在先秦时期就已经存在。汉代的政治体制和道德原则是建立在天命观的基础上，而上天与皇帝的关系是整个社会结构（君臣、父子、夫妻等）的第一个环节。在汉代，“天”的意义要大于之前的年代，“天”被具体化为各种吉祥的动物（想象的和现实的），如麒麟、黄龙、群鸟、飞马等，或是自然现象，如神光、虹气等，这些形象作为装饰各种器物、织物的主要题材，图像内在的象征意义是使用图像最主要的目的。之后才逐渐转化为一种被普遍接受的通用图像。

在基督教建筑装饰艺术中，图像的象征性更是无处不在。罗马的圣彼得与圣马赛林努斯（Saints Pietro and Marcellinus）墓室中的一个房间内的壁画，其天花壁画被分隔成几个空间，与庞贝古城绘画中的虚幻建筑空间互相呼应。这些画家也采用传统的技法来表现一个新的象征性题材，中间的圆形象征着天穹，里面画有一个年轻的牧羊人，肩上有一只羊，暗示着基督为世人牺牲，就像牧羊人为羊群舍命一般。建筑装饰中的一部分图像使用了圣经故事中的各种带有寓意性的形态，另一部分采用了自然的寓言手法。十字架、羔羊、鱼（在希腊语中，耶稣、人子、救世主几个词的头一个字母合在一起就是希腊词“鱼”）、雄鹿、代表基督教观点的孔雀形象等，都是建筑中常见的图像（图 2-4-2、图 2-4-3）。

图 2-4-2 圣阿波利纳雷教堂（Sant' Apollinare in Classe），549 年（一）

图 2-4-3 圣阿波利纳雷教堂（Sant' Apollinare in Classe），549 年（二）

4.2 图像装饰的叙事性和文化的传播

叙事图像的内容和题材是根据建筑性质而定，例如，宗教建筑中采用宗教经典故事或场景；陵墓建筑则多是表现墓主生前或死后的行为；纪念性建筑物，如纪念碑、纪念柱则是被纪念人或事件的图像。建筑中叙事图像装饰具有强大的文化功能和社会功能。

彩色玻璃装饰在哥特建筑中之所以扮演着非常重要的角色，除了其震撼的视觉效果之外，另外一个主要原因是由于彩色玻璃中的图像是教育大众的媒介，圣经的细节、历史和教义都被描绘在玻璃当中。当时的世俗社会中没有学校、书籍和教师，中世纪教堂则承担着类似于现代学校、图书馆、博物馆和画廊的责任。 教堂中的雕塑、绘画以及彩色玻璃装饰都是以图像的形式告诉世人世界的产生、人类的救赎、对美德的嘉奖，以及对罪恶的惩罚（图 2-4-4）。

图 2-4-4 《圣方济格接受圣迹》，Barfusserkirche 教堂，1235 ~ 1245
（图片来源：《哥特艺术》，［美］迈克尔·卡米尔著 陈颖译，中国建筑工业出版社，2004）

中国早期的墓室建筑中，例如著名的汉武梁祠中的画像也属于这类叙事性的图像装饰。画像表现的是体现儒家最高道德水准的历史人物，武梁祠的所在地是山东，为当时的儒学中心，因而以儒家典范为题材。汉代墓室中的画像石、画像砖是为礼仪服务，并不是简单的审美需求。画像的题材除了历史人物外，经常出现的还有文学典故。这些典故往往尽人皆知，不用任何文字的注释就可以了解故事内容。现存的一些明清住宅建筑中还有很多类似的叙事性装饰，山西的砖雕、石雕；江南一带的木雕装饰，这类装饰最重要的属性是它们的叙事功能，而不是其造型的特征。这些雕刻的文学含义，一方面可以帮助表明建筑拥有者的道德准则，另一方面也带有强烈的教育意义，装饰的文化功能性在叙事图形中表现得最为明显。

在古代社会中，对于大多数民众来说接受教育、获得知识是通过耳闻目染，只有少数人才能够享有真正从书籍中获取知识的机会。因此在一些建筑中使用叙事的图像装饰来教育、启发民众成为了古代建筑装饰的一个重要的功能。这一点在宗教建筑中尤为突出，中国的石窟建筑、西方的教堂都是最为典型的案例。这种叙事性装饰的文化功能，随着印刷术的发明、书籍和教育的普及逐渐消退，只有一些纪念性建筑物当中还保留了少量的叙事性图像装饰，例如新中国成立初期修建的人民英雄纪念碑，纪念碑下部的装饰图像是表现抗战场景的浮雕，其重要功能也是为了教育前来参观的民众。

第5节 图像装饰在当代的应用

图2-5-1 意大利城市中集贸市场的天棚设计
图像选择的是各种水果蔬菜的照片

随着印刷技术的发展：书籍的普及，建筑中图案装饰的文化传播和教育大众等社会文化功能逐渐被新的媒介代替。新的媒介形式不断出现且迅速更新是现代社会最重要的特征之一，从书籍到期刊，电视、电影，以及当今的网络媒介。新的文化和思想传播媒介的产生，使当代建筑中象征性、叙事性的图像装饰几乎不再存在，取而代之的是纯粹视觉需要的图案。图案图像在建筑中的应用表现出更多的审美意义（图2-5-1）。设计师在选择装饰图像的时候，一方面是对传统装饰图案进行变化和处理，另一方面还将目光投向我们生活的环境（图2-5-1）。

同时，计算机技术对当代建筑中图案的应用产生了革命性的影响。前面曾经提到装饰母题带有强烈的时代特征，今天的建筑当中，大量经过数字处理的、抽象图像的使用，实际上是对我们所处时代的一种反映和说明，这是由于图案和肌理是抽象信息和可以被感受的物质实体相互连接的交点。图案和肌理一定程度上消除了抽象和具象之间的距离，在设计中图案和肌理的大量使用，不仅仅是建筑师对于人的视觉感受的考虑，而且是暗示着对于物质世界新的态度。建筑领域中图像符号或者代码在图像中的频繁出现是在这种情况下产生的。实际上是将建筑物立面，室内的或室外的，作为一个空间的介面，用精心选择的图像和材料使这个抽象的介面构成一个有内容的实体，这个实体将思想的和社会的空间编制在一起。畏研吾的涩谷车站（图2-5-2）的立

图2-5-2 涩谷车站建筑立面
（[日]隈研吾）

面中图案就是这种媒介性质的代表。

这个建筑立面中的图像是数码相机拍摄的蓝天白云，通过丝网印技术印刷在玻璃上，限研吾的图像选择概念是希望创造一种真实与虚拟的交替关系。

除此之外，商业性的图像成为另一个随着社会发展而产生的重要图像装饰。广告、品牌标志（伴随着霓虹灯、LED 屏幕），这些与商业紧密相连的图像越来越多地出现在建筑的立面之上。有趣的是，虽然所传播的内容与古代社会大相径庭，但是最基本的出发点却非常一致——引导大众的行为，只不过图像应用的功能从之前的文化功能转变为了商业功能（图 2-5-3）。

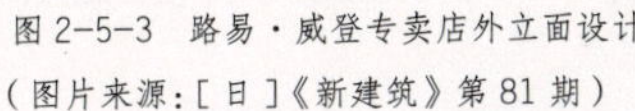

图 2-5-3　路易・威登专卖店外立面设计
（图片来源：[日]《新建筑》第 81 期）

第3章　造型装饰

视觉感受似乎又可以被分为两类。一种是所有的建筑物共有的，是指光线穿过各种材质制作的外围的大面积墙面时给人们的感觉。桃金娘庭院夹在两面最长的高墙之间，高墙是用略有些白色的拉毛粉饰和制作好的石头制作的，时而不规则地嵌在小窗和门洞上。这些门洞被精心雕刻的门楣、竖框和拱门包围着。即使是在阴沉的天气下，光线也是如此的清晰，以至于根据北欧的准则来看，其雕刻是非常浅的。浅浅的浮雕就足够了，因为最小的边缘或是突出物就能留下清晰的阴影。我把这叫做指尖触感……

——大卫·布莱特《装饰新思维》

建筑的造型装饰在不同时期和不同地区中表现出巨大差异。在西方建筑中，造型装饰是建筑装饰中最为重要，也是内容最为丰富的一类，甚至由此派生出其他艺术形式，例如雕塑艺术。而在中国传统建筑当中，尤其是北方官式建筑中，与图案和色彩装饰比较，造型装饰则一直处在一个相对次要的地位；但是在中国南方建筑中，造型装饰则显示出更为重要的作用。也正是由于造型装饰的大量使用，南方建筑表现出更丰富、更富于变化的体形特征。

这种地域性的巨大差异多少为我们研究造型装饰带来了一定的困难，但是在这些多变的表现形式和造型特征之下，我们仍然可以通过仔细观察和分析，寻找到这些装饰与建筑的关系的规律和基本原则。

第1节　造型装饰和造型的形式

1.1　造型和造型艺术

造型（form）是艺术的基本元素。狭义的造型是指三维的形体，区别于平面的二维形状（shape）。广义的造型是指在艺术语境中各种可视元素组合在一起的整体，以及它们的组合方式。这种造型在一定的文化环境中能够被观看者理解。造型艺术是指艺术家使用各种可见的创意手法，通过视觉和触觉的传播途径，再现人们生活中的事物或者虚构人们纯粹的想象，表达自己对世间万物的感受和丰富的想象力，使人们在视觉上、触觉上乃至心理上产生愉悦和共鸣的情感感受。例如我们观看达·芬奇的《蒙娜丽莎》，可知其造型元素包括：色彩、线条、形状、体积、深度等，以及作品所唤起的神秘的心理感受。

本章所讨论的造型装饰仅涉及狭义的造型范畴，即以三维形体为特征的造型装饰艺术。对三维的装饰进行独立讨论主要出于以下原因：

（1）三维的造型装饰对于建筑具有特殊的意义。建筑中三维的装饰构件对建筑形态会产生一些根本性的影响，甚至改变建筑的面貌。这样的特性使造型装饰与建筑的关系、应用位置，以及应用手段与图像装饰和色彩装饰有很大区别。

（2）三维造型装饰自身的发展与二维装饰有根本的区别。与图像装饰相比较，三维造型装饰更依赖材料和工艺。同时，因此而产生的多样的造型形式，在视觉和触觉上带给人更多层次的体验和感受。这种特性受到了当代建筑师最大的关注。

（3）三维造型装饰与建筑结构关系紧密。建筑装饰当中，只有一些属于三维造型装饰的构件是结构性装饰。造型装饰与建筑结构和构造的紧密关系，使一些装饰构件成为建筑中不可缺少的元素。

1.2 建筑造型装饰的形式

决定建筑中造型装饰形式的主要因素是材料和制作工艺，其中制作工艺技术又起着主导作用，在任何年代，新的工具、技术和材料的出现都会伴随着新的装饰形式的产生。根据材料和工艺，手工艺在古代社会的分工非常详细，乃至繁琐。例如 13 世纪，行会制度在欧洲已经完全建立起来，法国沙特尔（Chartres）教堂中的多数彩色玻璃花窗就是城市中的行会捐赠的。行会制度的成熟促使行业之间分工的细化，有时甚至是重复。在 1408 年的伦敦，有三种不同的职业与小刀制作有关——刀片匠、刀鞘匠和制作刀柄的刀具商，三者中只有刀具商有权销售完整的刀具。建筑装饰艺术与手工艺品的生产十分相似，一个作品的最终形式很可能涉及诸多工艺，经过几个不同手工艺匠人才得以完成，因此我们将依据工艺的种类对装饰形式进行分类。

1.2.1 雕刻

传统建筑中，最主要的造型装饰工艺是雕刻工艺。在这个问题上，无论是古典建筑、哥特建筑，或是中国建筑 、印度建筑，建筑中的雕刻装饰在做法上都没有本质的区别。中国宋代《营造法式》将雕刻工艺分为混作、雕插写生花、起突卷叶花、剔地洼叶花、透突雕和实雕六种，其中混作指圆雕；“雕插写生花”指镂雕，是特殊位置的一种木雕；“起突卷叶花”指高浮雕；“剔地洼叶花”与“起突卷叶花”近似；“透突雕”应该是花纹局部镂空与地脱开的雕法，后世称为“透雕”；“实雕”是不突出地子之上的浮雕——只沿花形四周用斜刀压下，突出花形而不减地。这 6 种技法包括圆雕、高浮雕、浅浮雕、透雕，基本涵盖了古代各地区所有雕刻工艺的方法和手段。

根据不同的材料，雕刻工艺进一步分为石雕、砖雕和木雕，但是在工艺、技法上没有本质的区别。由于工艺的近似，以雕刻为加工工艺的造型装饰，尽管材料不同，但是表现出的形式却十分接近。图 3-1-1 中是中国传统民居建筑中的砖雕装饰和木雕装饰，这两种材料最终形成的装饰效果几乎没有任何差异，在这个例子中，决定造型装饰形式的是雕刻的图案和纹样。影响雕刻造型装饰的因素多样，技法的娴熟程度、时代的审美追求和流行趋势、雕刻的内容以及使用部位等，都会决定其最终面貌。从技术角度上来说，影响雕刻造型最主要的因素是凹凸的变化，以及形成的光影效果。光影是形成圆雕、高浮雕、浅浮雕、透雕等视觉效果的最本质因素。

图 3-1-1 中国传统民居中的砖雕和木雕装饰

西方古代建筑中，雕塑是一种特殊的装饰艺术。大量精美的雕塑使古代城市——古代希腊和罗马的城市成为名副其实的雕塑城市。希腊雕塑艺术家在这种艺术中表现卓越，甚至之后的年代也无法超越（图 3-1-2、图 3-1-3）。

图 3-1-2 帕加玛的大祭坛（the Great Altar of Pergamum）浮雕
这个高 2.7m 的建筑基座雕塑装饰环绕整个建筑。以希腊神话为题材的雕刻，表现了众神之王宙斯及雅典娜、阿波罗等诸神与巨人争战的场景
（图片来源：Classical art, Mary Veard and John Henderson, Oxford University Press, 2001）

图 3-1-3 提图斯凯旋门（the Arch of Titus），公元 81 年
这一组浮雕表现的是提图斯的功绩。古代罗马建筑中的雕刻装饰题材更多为表现君主的丰功伟绩，这与希腊建筑中的神话题材有本质的区别
（图片来源：Classical art, Mary Veard and John Henderson, Oxford University Press, 2001）

图 3-1-4 沙特尔大教堂（Chartres Cathedral），法国
（图片来源：Romanesque Architectural Sculpture, Meyer Schapiro, The University of Chicago Press, 2006）

罗马帝国灭亡之后建筑雕刻虽然没有废置不用，但建筑雕刻，尤其是人像雕刻，在基督教早期的几个世纪中已经远不如古代。加洛林王朝（8 世纪中叶至 10 世纪，统治法兰克王国的封建王朝）之后，雕刻成为了一种装饰建筑的奢侈品。11 世纪中期，随着大量仿罗马式教堂建筑的兴建，在中世纪曾经一度没落的大型雕像又再次出现，与建筑相结合，成为教堂建筑的装饰艺术（图 3-1-4）。文艺复兴之后，雕塑一方面仍然是建筑中的重要装饰形式，同时也逐渐发展成为独立的艺术形式。在巴洛克建筑当中，以雕塑为主要手段的造型建筑装饰成为巴洛克风格形成的重要因素。

1.2.2 模制造型装饰

古代建筑中，另一类重要的造型装饰是通过模具加工制造。中国秦汉时期大量的砖瓦表面和瓦当都有模印纹样（图3-1-5），古代希腊建筑中屋顶和檐部的许多装饰也是模制的陶质构件（图3-1-6）。模制造型装饰种类众多，主要包括屋面、墙面、地面的砖瓦材料。正是由于模制可以反复使用，这种经济的装饰方法通常用来装饰批量生产的建筑构件。除了以陶土、砖类为材料的模型装饰之外，很多金属装饰构件也是由磨具翻制而成。例如文艺复兴时期的手工艺经营单位（作坊）对工艺的态度十分实际，表现在他们对任何提高生产效率、降低成本的技术和方法都充满兴趣。各个行业节省时间和降低成本的方法虽然各有不同，但常用的方法是：利用工艺多次复制（重复使用模具）；劳动上的分工（不同的手工艺人从事单一、但是重要的部件生产），使产品的部件化效率提高。在节省时间降低成本的同时，也带来另一些后果。例如一些金匠师傅一直坚持大量收集各种纹样的模具，一旦得到，他们通常会使用好几年，不再考虑样式的变更和流行，并且毫不顾忌地使用别人的设计。此外，相同的原因还造成了工业革命之后大量劣质工艺品的出现。

图3-1-5 汉代瓦当印模陶制装饰
（图片来源：《中国古建筑装饰》，[日]伊东忠太著；刘云俊，张晔译，中国建筑工业出版社，2006）

图3-1-6 古代希腊陶制装饰

1.2.3 堆砌造型装饰

西方古代砖石建筑的建造方式与编织有很多相似之处，都是以简单的重复为基础，创造有规律的图案效果，因此在建筑装饰中，形成了一类按照一定顺序的简单变化而构成的装饰形式。这种堆砌工艺发展出上百种方法，创造出浮雕、边界、檐口和线脚等丰富的效果（图3-1-7）。不同于平面图案，这种装饰会使建筑表面呈现出微妙的光影变化，除了视觉感受之外，增加了另一层触觉感受。

图3-1-7 卡里尼亚诺宫（Palazzo Carignano）砖砌建筑立面中的图案，瓜里尼（Guarino Guarini）

1.2.4 现代工艺造型装饰

工业革命之后，生铁铸铁在建筑中的使用，使造型装饰发生了一次革命性的改变。当时的设计师开始以批判的态度重新思考装饰造型和材料之间的关系，他们主要否定之前年代中造型装饰与材料特性脱离的观点，并且希望创造出可以表现材料特性的造型装饰形式（图 3-1-8、图 3-1-9）。牛津博物馆中庭中的装饰虽然还保留了哥特装饰的面貌，但是在造型上却进行了平面化的处理，以便与材料更贴切。这是造型装饰在技术发展的背景之下的第一次革命。

图 3-1-8 牛津博物馆中庭（1853 ~ 1860）

（图片来源：European Architecture 1750-1890, Barry Bergdoll, Oxford University Press, 2000）

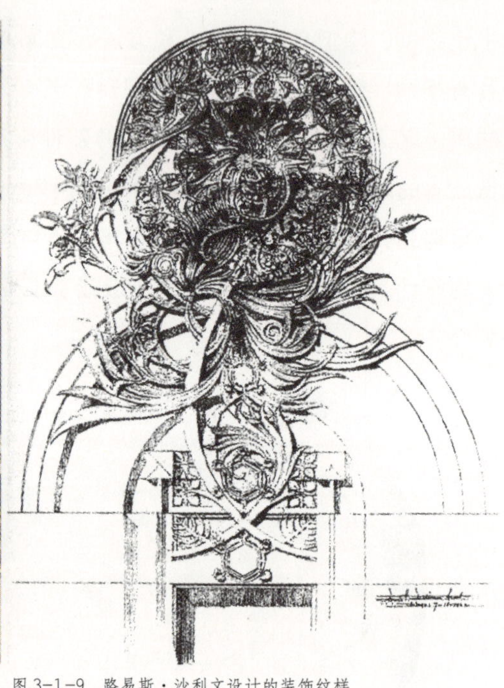

图 3-1-9 路易斯·沙利文设计的装饰纹样

（图片来源：《建筑细部》，2009 年 4 月）

很多设计师和艺术理论家都敏感地意识到，新型材料的出现将带来新的装饰风格。新艺术运动独特的装饰形式就是对现代技术和材料的一种回应。当代制作工艺，由于计算机技术的介入发生了革命性的变化、CNC 技术、激光切割等技术，使造型装饰呈现出从未有过的多重形态。

第 2 节 造型装饰构件和其在建筑中的功能

2.1 边缘

2.1.1 建筑物的边缘

边缘是所有图形、形状和物体的共同特征。边缘还可以被描述为物体表面或形状的终结之笔。大多数形状，都需要有终结之笔，也就是通过显著的轮廓线来告诉我们它们止于何处。显著的轮廓线是视觉对理解物体提出的要求。在建筑上，这种特征体现为屋顶、檐部的细节和台基等建筑的外轮廓部位，这些部位又常常是重要的结构和建筑构件交接部分。建筑中的造型装饰很多情况下就是加在这些部位之上，是帮助限定和明确建筑边缘（图 3-2-1）。装饰的作用在建筑的屋顶部位表现得尤为突出。

图 3-2-1　古典建筑构成的复杂轮廓和现代建筑构成的简单轮廓

中国建筑屋顶部位的装饰是典型的边缘和轮廓的处理类型的装饰，也就是沿着屋顶的外轮廓线进行造型上的处理，尤其强调轮廓线转折的部位（图 3-2-2）。以明清建筑为例，建筑屋顶的造型装饰主要有正脊两端的吻、垂脊或戗脊上的走兽（神兽），以及攒尖顶上的宝顶等。在转折点上加入造型装饰构建除了丰富建筑物的屋顶轮廓线之外，还提示我们建筑物的终结之处，装饰相当于一个强调的"点"，在视觉上帮助了建筑轮廓线的围合。同时，此处造型装饰构件形式的变化又会影响建筑的轮廓线。图 3-2-3 中正脊两端造型的改变使建筑的屋顶部分表现出不同的形态，也改变着建筑的气质。

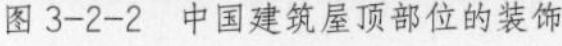

图 3-2-2　中国建筑屋顶部位的装饰

图 3-2-3　上图为山西民居屋顶装饰造型；下图为浙江民居屋顶装饰造型

这种清晰明确的视觉关系，在一些建筑中变得模糊了起来。例如图 3-2-4 中福建塔下村祠堂的龙顶造型装饰，造型已经不再是对于转折点的强调，而是造型装饰本身处于更主要的位置。哥特风格对建筑边界处理的手法也属于这一类型（图 3-2-5），建筑立面中各种丰富的造型装饰，使观察者很难在短时间内了解建筑真实的结构关系。装饰是镶嵌在整个轮廓线外围的缘饰，整个建筑的轮廓也随之变得复杂。

图 3-2-4 福建塔下村祠堂的龙顶
（图片来源：《乡土建筑装饰》，中国建筑工业出版社，2004）

图 3-2-5 米兰大教堂

从上面的分析可以看出，无论强调建筑物转折处的"点"状的简单造型，还是附着在建筑轮廓线外围的复杂造型，都使建筑物的轮廓发生了巨大的变化。这两种边界的装饰手法从根本上来说并不存在好坏之分，但是会形成不同的视觉效果。从与建筑的关系角度分析，我们可以感受到前一种更清晰地阐述了建筑本身的形态特征，而第二种则是通过造型装饰创造了新的建筑面貌。图 3-2-6、图 3-2-7 是两个当代建筑，建筑外部边缘造型的增加，KPF 建筑立面方案（图 3-2-6）丰富的垂直边缘造型让我们很容易联想到哥特建筑的形态，这些造型的植入彻底改变了建筑的形态。

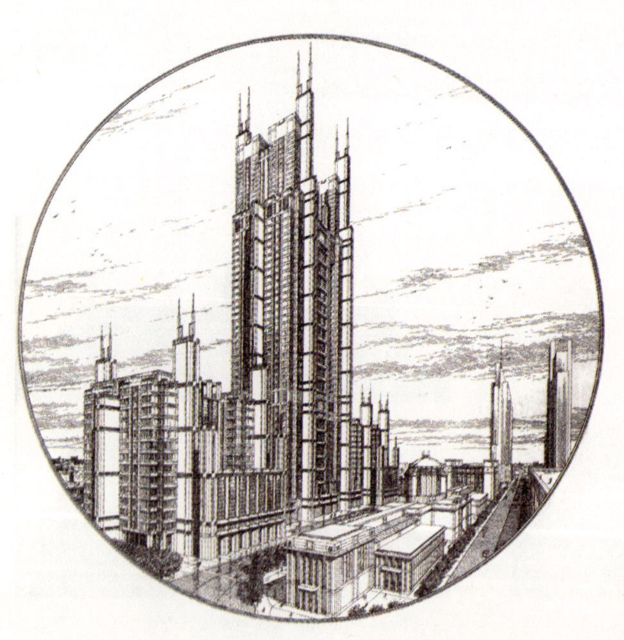

图 3-2-6 金丝雀码头大厦(Canary Wharf Tower)方案，KPF，1986 ~ 1987
（图片来源：KPF1986-1992，Rizzoli International Publications，1993）

图 3-2-7 金贸大厦远景，上海

这类造型装饰对建筑轮廓的形态影响，对我们理解建筑起到了重要的提示作用。我们可以从这些微妙的变化当中，轻易地分辨建筑的风格和所属的时期。需要注意的是，对造型装饰和建筑轮廓关系的讨论是基于远距离的观察，只有当观察者与建筑有一定距离时，也就是可以观看到整个轮廓时，这种装饰才会表现得充分（图 3-2-7）。

2.1.2 建筑立面中的边缘

除了建筑外轮廓之外，建筑中还存在另一个层次的轮廓——建筑物立面中的边缘，例如中国传统建筑檐柱部位的轮廓。从图3-2-8，我们可以清晰地看出装饰构件对于檐柱间空间形状边缘的改变是多么显著。这种丰富边缘的产生在很大程度上依赖于光线和阴影，以及边缘形状在背景中所占的比例。图3-2-8远处建筑中，檐柱和后面墙间的距离，使得檐柱部位处在一个以阴影为背景的突出位置，柱间的雀替装饰增加了立面中边缘的复杂性。在这个案例中，明暗的变化是边缘形成的重要条件。当人改变了观察的位置，由建筑的外部转到建筑的内部，檐柱部位的挂落和座凳上下呼应，形成了一个通透的模糊边缘。随着构件中图案的疏密变化，边缘呈现出有节奏的明暗关系。

图3-2-8 从长春宫院内戏台看长春宫

（图片来源：《紫禁城宫殿》，生活·读书·新知 三联书店，2006）

除了檐柱部位的边缘之外，中国传统建筑中还有很多类似的边缘问题的例子，如园林建筑中的墙中开洞造型等。这样的装饰在观看者和建筑，以及周围环境之间形成了一个新的界面，从而丰富了人的视觉和感官体验，而庞大的建筑体量由于这些精致的造型装饰也变得细腻和生动，从而拉近了人与建筑的距离。

2.1.3 室内空间中的边缘

在室内空间中使用造型装饰最典型的例子是中国传统建筑中的花罩。花罩一个重要的装饰作用是通过“罩”本身的边缘变化，帮助形成室内空间的序列感受。用现代的建筑语言描述，中国传统建筑的室内空间属于开放式空间。花罩安装于居室进深方向柱间，将室内空间分成明间、次间、梢间既有联系又相分隔的空间序列。这种装饰种类多样，有几腿罩、落地罩、落地花罩、栏杆罩，其中落地罩当中又有不同的形式，常见的有圆光罩、八角罩以及一般形式的落地罩。“罩”所形成的明确的边缘是对室内空间的一种重新界定，极大地改变了中国传统建筑的内部空间形态（图3-2-9）。空间中丰富的边缘变化是形成中国传统室内空间气质的重要因素之一。

图3-2-9 故宫室内花罩在室内空间中形成的丰富边缘变化

（图片来源：《紫禁城宫殿》，生活·读书·新知 三联书店，2006）

2.2 形状

造型装饰在建筑中应用的另一个重要功能是对重点部位的强调。通过在建筑物中加入装饰造型，使需要强调的部位区别于其他部分，或与其他部分形成对比，从而形成视觉的集中。造型装饰成为强调重点部位的重要手段，一方面主要依靠其三维形态，更为重要的是其形体在光照下形成的阴影所带来的丰富的层次。巴洛克风格的建筑立面之所以带给人强烈的运动感受，正是由于其立面中大量的造型和不同层次的阴影。

2.2.1 门的造型装饰

在任何文化、地区，以及任何时期，无论建筑风格产生何种变化，建筑入口永远都是建筑中最重要的部位。为了强调这一部位在建筑中的重要性，造型成为了装饰建筑入口的主要手段。形态各异的入口装饰造型几乎都具有相同的原则：一方面，造型往往凸出建筑墙面很多，并且具有完整的形态特征；另一方面，整体造型几乎都采用较大的尺度，使入口成为绝对的视觉中心。图 3-2-10 中，通过加入形态完整的横向造型设计，三个分开的门洞被组织到一起成为一个整体。造型装饰介入的结果使原本孤立分散的洞口转化为体量宏伟的建筑入口。图 3-2-11 和图 3-2-12 所采用的是竖向的造型设计。图 3-2-11 中尺度巨大的边柱、柱顶部的雕塑，以及山墙中间的图像都起到了强调入口的作用。图 3-2-12 是一个改造设计，在这个设计中，入口与其上方的阳台被成功地连接到一起，最大限度地增加了入口的尺度。入口上方中间位置精致的徽章雕刻装饰与周围朴素的建筑语言形成对比，为原本简单的设计增加了另一个视觉中心。

图 3-2-10 故宫中门洞上方的连续造型
（图片来源：《紫禁城宫殿》，生活·读书·新知 三联书店，2006）

中国传统建筑当中，另一种强调入口的造型装饰是门枕石（图 3-2-13）。门枕石位于建筑大门门扇的门轴下方，其功能是承托门扇使门扇得以转动。门枕石的基本形状是一块长方形石料，穿过门槛，一端在门槛内，一端在门槛外。其所处的重要位置、自身的形状和用料使得门枕石自然而然地发展成为一个重要的造型装饰构件。中国建筑中门枕石最常见的形式是狮子、圆形石鼓，其中圆形石鼓形状的门枕石又称“抱鼓石”。这种装饰利用的是构件的形体特征，完全独立的形态是强调部位的关键。

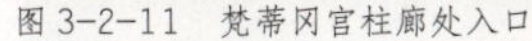
图 3-2-11 梵蒂冈宫柱廊处入口

图 3-2-12 意大利罗马建筑物入口

图 3-2-13 中国传统住宅大门处的狮子造型门枕石

（图片来源：《乡土建筑装饰艺术》，中国建筑工业出版社，2006）

2.2.2 窗

西方古典建筑对于窗洞的装饰处理方式与入口十分相似，在窗的四周加入造型，形成光影变化（图 3-2-14）；不同之处在于窗洞造型在立面上有规律的排布。入口装饰处理是绝对的强调，而在对窗洞进行装饰时，有机地将窗统一在立面当中则更为重要。通过装饰性的造型处理，窗与建筑的结构，以及各窗之间水平与垂直构件都被有机地整合在一起，相互联系构成统一的整体。

现代主义建筑中（图 3-2-15）对于窗的部位并不是完全不存在装饰，只是造型装饰的形态转变为简单的直线条，窗自身的形态逐渐弱化，立面的整体性进一步增强。

图 3-2-14 巴洛克时期建筑立面上窗的造型

（图片来源：Art and Architecture in Italy, Yale University Press, 1999）

图 3-2-15 现代主义建筑中简单的造型处理，增强了窗与窗之间的联系

2.2.3 室内顶部

在室内天花部位典型的造型装饰是藻井，它不仅是对室内天花重点部位的强调，而且通过天花造型的改变强调空间中的重要位置（图 3-2-16）。“藻井”是中国古代建筑中的名称，由于在今天的室内设计中“藻井”这个名称已经不仅限于中国传统建筑，而是指所有存在标高变化的天花造型，因此这里所说的藻井是当代语义的藻井。藻井在中国传统建筑中多见于宫殿、坛庙、寺庙等，是安装于帝王宝座或佛堂佛像顶部天花中央的一种特殊装饰。

（a）中国建筑藻井上方没有采光

（b）波尼尼（Gianlorenzo Bernini）在 Sant' Andrea al Quirinale 中设计的带有采光的藻井

图 3-2-16 光线的变化对藻井的效果起到关键的作用
（图片来源：Art and Architecture in Italy，Yale University Press，1999）

在西方建筑中，顶部的重要位置还会增加更多的造型装饰。如巴洛克建筑中，大量的石膏花饰制作的天使形象环绕在天顶周围。更为重要的是天光在这些造型装饰中起到了决定性的作用，天顶光线的投射在这些造型上形成戏剧化的光影效果，创造出令人神往的空间感受，巴洛克时期的穹顶造型装饰是造型与光完美结合的产物。

2.2.4 结构和构造的交接

建筑中的结构框架和局部构造的交接之处通常会加入造型装饰，装饰的出现正是为了突出或掩饰这些交接之处。我们所熟悉的拱门上方的拱顶石，或者柱子尽端的柱头装饰，装饰构件的使用是为了在视觉上强化结构中力的传递；而檐口部位的装饰则是为了掩盖墙、天花等诸多构件在这里的交接。建筑物当中的一些局部构件往往也会采用这样的形式，例如中国宫殿建筑的门钉和包叶（图 3-2-17）。在许多民间建筑和家具设计中，则经常将固定构件暴露在外突出接缝，这种手法在工艺美术运动之后被欧洲和北美的设计师所秉承，转化为另外一种装饰处理。当代建筑设计中的“高技派”也采用了同样的手法——将框架本身作为展示的对象。

中国传统建筑中，经常可以看到新颖的木工工艺，其在满足力学原理的同时，本身也具有装饰功能。木构架连续不断的交接结构复杂精妙，远远超出了结构的需要，从而形成了中国建筑（也包括日本建筑）特有的造型装饰语言，其中最具有代表性的是斗拱（图 3-2-18）。

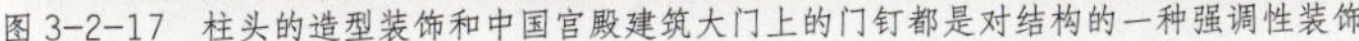

图 3-2-17　柱头的造型装饰和中国宫殿建筑大门上的门钉都是对结构的一种强调性装饰

图 3-2-18　中国建筑中斗拱是建筑造型装饰最优美的结构性装饰
（图片来源:《紫禁城宫殿》，生活·读书·新知 三联书店，2006）

2.3　表面和纹理

对建筑表面纹理的研究是学习装饰必须关注的问题。通过造型装饰产生的表面纹理，同时拥有视觉和触觉感受，这是与色彩装饰中纹理感受的最大区别。建筑物实际就是相互连接的表面的排列组合，通过这些表面我们可以感受建筑的体积和深度等诸多信息。哥特建筑复杂的建筑表面装饰创造出的不仅仅是局部的细微变化，更为重要的是这些细节组合在一起给人强烈的视觉和触觉感受，这种感受与希腊建筑光滑典雅的建筑表面形成了巨大的差异（图 3-2-19）。现代主义建筑中，同样也会使用造型变化来强调触觉和视觉的感受，例如借助混凝土浇筑模具上的纹理形成墙体肌理，或在混凝土中加入大颗粒石子等。

墙体的涵义十分广泛，包括重型和轻型墙体、堆砌墙体、编织墙体，但最为重要的是它的表面——界定空间的表面。从中世纪时采用帷幕覆盖光秃秃的石墙就可以看出，帷幕为建筑提供了可能带有各种重要场景和图案的新的表面。建筑中墙面状态的变化可以带给人各种复杂、细致的心理感受（图 3-2-20）。阿尔罕布拉宫可以说是古代建筑中通过建筑表面的肌理变化，带给人多重感受的成功案例（图 3-2-21）。阿尔罕布拉宫中黄金厅的墙面上，石膏被细细地雕琢，瓷砖铺砌的墙围上方布满文字的装饰带、几何图形交错的图案。这些比例均匀的墙面装饰与镶嵌着精细的浮雕木制屋檐形成了

图 3-2-19　哥特建筑表面的雕刻造型装饰改变了墙面原有的光滑性，Ghent Town Hall, Belgium
（图片来源: Medieval Architecture ，Nicola Coldstream，Oxford University Press，2002）

一种微妙的关系。这些纤细柔软的肌理组成的空间使任何一个身处其中的人都可以感受到它的温柔和美丽。

图 3-2-20 Salim Chishti 陵墓中大理石雕刻窗

（图片来源：The Art and Architecture of Islam, Yale University Press, 1994）

图 3-2-21 阿尔罕布拉宫

（图片来源：The Art and Architecture of Islam, Yale University Press, 1994）

第 3 节 装饰物体

除了上述与建筑关系紧密的造型装饰之外，建筑中还有一类与建筑相分离的造型装饰物体。中国传统建筑中最具代表性的独立装饰物是陵墓建筑中的石像生、石兽❶、石柱❷等，汉代霍去病墓、唐代武则天墓，以及明代的陵墓建筑群都保留了大量的此类精美的石雕。除了陵墓建筑之外，中国传统建筑中的装饰物还有华表、石狮，以及小型装饰铜雀、香炉等。

西方的独立建筑装饰物最突出的特点是，强烈的纪念性和象征性，例如方尖碑、纪念柱等，但是这些构筑物巨大的体量和复杂的施工工艺使其成为了一种建筑构造，而不属于装饰的范畴。

---

❶石兽有两种，一种躯体较瘦，头足较长，身上雕刻较多纹饰，用于帝陵，一般称麒麟；另一种躯体肥壮，短颈长鬣，略似狮子，身上无多雕饰，用于王侯墓，一般称“辟邪”。现存麒麟以梁武帝陵前的最大，长 3.23m，腰围 2.4m，高 2.7m，下有矩形座，为整石雕成，异常壮伟。

❷石柱又名墓表，雕双螭的柱础，础上立柱，雕饰分三段：下段雕若干条凹棱，犹如古希腊多立克柱身；中段雕凸出柱身之矩形平版，绕柱身雕绳纹连于平版，作绑捆状，版上用阴文刻“某某之神道”等字。柱顶承托一个雕有一圈覆莲之圆盘，盘上雕与神道入口石兽相同的小型兽。整个柱身下大上小，比例秀美，雕工精劲，是很优秀的建筑石雕。

第 4 节 造型装饰在当代设计中的应用

由于计算机技术在当代设计和制造中的广泛应用，造型装饰成为了建筑装饰的主要手段。造型形态的丰富性、复杂性以及材料的多样性都远远超过以前的任何年代，但是现代建筑造型装饰与建筑的关系和在建筑中的作用，仍然离不开前面所提到的几种类型。在赫尔佐格和德梅隆瑞士美术馆项目中，建筑中的条形窗是使用特殊模具浇铸制成，最突出的是其不规则变化的边缘。这一特殊的造型在立面中所占的比例很小，与大面积同一材料的墙体形成巨大的对比。“窗”本身已经成了建筑中重要的装饰（图 3-4-1）。OMA 设计事务所在 PRADA 洛杉矶专卖店中，通过最先进的计算机辅助设计功能用树脂构建出了一个复杂肌理的墙体，整个墙体是复杂的、海绵状的构造，有机的自然状态的空隙使光线可以温柔地照射进来（图 3-4-2）。如果我们将这个设计与图 3-2-20、图 3-2-21 进行比较，轻易地就会发现两者之间的相似之处，那种柔美的气质完全来自造型和光线的综合作用。

图 3-4-1　外墙中带有边缘丰富变化的长窗造型，赫尔佐格 & 德梅隆

图 3-4-2　PRADA 洛杉矶专卖店室内树脂材料制成的复杂肌理墙体，OMA

在奥斯陆歌剧院的项目中，造型呈现的是数字特征，三维造型秩序性的渐变是通过程序计算得来，而墙体的生产和加工也依赖当代先进的数字技术（图 3-4-3）。从以上的例子可以看出，当今的造型设计，虽然还是在探讨边缘、肌理的问题，但是造型的装饰和构造却越来越密不可分。其中最主要的原因是由于框架结构使得建筑的表皮成为脱离结构的独立元素，因此近年来建筑设计界将注意力转向了建筑表皮的研究。如何将材料、构造、图案等各种元素统一在建筑的表皮当中一直是设计的重要话题。当代建筑中的造型“装饰”与传统意义上的造型装饰完全不同，造型装饰已经转化为与建筑结构、建筑本身融为一体的无法剥离的元素。

图 3-4-3　奥斯陆歌剧院室内装饰性的墙体

第 4 章 色彩装饰

事实上，涉及所有成形的艺术中的基本要素，如：绘画、雕塑、建筑、园艺以及美术。趣味的基本前提并不是什么我们感觉得到满足，而是什么以其形式让我们愉悦。让图纸熠熠生辉的色彩是魅力的一部分。毋庸置疑的是，色彩以其独到的方式让被知觉的对象生动起来，但却不能赋予它真正值得观赏和魅力的特点。事实上，美丽形式的要求往往是把色彩的使用限制到一个极其狭隘的范围。即使人们承认某种色彩是具有魅力的，那也只是因为形式为色彩带来了荣耀。

——康德《判断力批判》

任何与装饰有关的讨论都不可避免地要涉及色彩问题，色彩是人类感官体验中最令人感到愉悦的部分。但是在所有的装饰问题中，对色彩问题的讨论最为困难；色彩也是装饰实践中最难以用语言表达的问题。在 19 世纪以前的建筑装饰中，色彩依附于图形存在——古代建筑中的色彩装饰并不是纯粹的色彩装饰，而是一种彩色的造型或图像装饰。色彩或是所表现的事物自然附带的产物，或是对各种观念、等级含义的象征，完全不同于现代的色彩概念。无论是色彩丰富的壁画、马赛克，还是彩绘玻璃，色彩装饰都不是独立的存在。而中国传统建筑中的色彩装饰很早就被抽象和规范成为一种定式，表示建筑的等级。直到 19 世纪色彩科学的发展，才使色彩成为一种独立元素被应用到建筑中。但是科学地描述色彩与人类感受的关系，即便现在依然十分困难。

本章中有关色彩装饰的讨论，我们将围绕色彩本身，以及色彩与建筑的关系展开，并且在讨论中，尽可能地避免感受上的猜测和主观臆断。

第 1 节 色彩装饰的类型

建筑色彩装饰是指以色彩为主要元素的建筑装饰方法，即通过在建筑中使用带有颜色的材料，或用颜料覆盖建筑的结构材料，使建筑带有明显的色彩系统和色彩倾向，从而对人的视觉感受形成影响。建筑中色彩效果的形成主要依赖不同材料的颜色，如涂料、油漆、砖瓦、石材等。不同的材料在建筑中使用的位置、施工的方法，以及处理的手段都有所区别，都是影响色彩装饰形态的重要因素，因此对色彩装饰进行分类将以材料特征为主要依据。

1.1　彩色涂料

中国传统建筑中的土坯墙或夯土墙经常施以色彩（图 4-1-1），拥有一套复杂的工艺和方法。墙的抹面层和着色主要的制作工艺是：首先用粗泥将高低坑洼找平；稍干后用中泥抹平；再稍干，用细泥抹平；最后罩一层掺有颜料的石灰泥，石灰泥中掺有麻刀，避免抹面层的开裂或起皮剥落。为了获得色彩的多样，石灰泥有红、青、黄等几种颜色。这种石灰粉面不再刷色，因此色彩保留持久。这种做法在宋代《营造法式》有详细的记录，明代庙宇中仍普遍采用这种工艺。

西方古典建筑墙面的抹灰和着色方法与上述方法十分相似，颜料同样是加入灰浆之中，所不同的是在灰泥中加入大理石颗粒。墙面抹灰着色的工艺在古代罗马时期就已经成熟，在《建筑十书》中，维特鲁维还对色彩得以保留持久的原因进行了阐述：石灰在炉中烧去湿气，变成多孔性，渴望水，因而就把偶然与它接触的东西吸收到自己之中混合凝固成一体。在古代时期，墙面抹灰和着色的做法一直保持着这样的传统工艺。当今建筑施工中所使用的刷涂料的方法远不如这种方法耐久。

图 4-1-1　故宫东筒子直街
（图片来源：《紫禁城宫殿》，生活·读书·新知 三联书店，2006）

1.2　木构架油饰

在木质结构的建筑中，由于材料特性，需要对木构架进行加工处理以达到防腐、防虫的目的。因此发展出不同于对砌体结构建筑进行施色的油饰技术。中国宋代就已经形成一套完整的油饰工艺，至明清各种做法已达四五十种，在古代建筑行业中称为油作。根据木构架材料的不同，油饰工艺会进行相应的改变和调整，以达到功能和审美的要求。明代前期宫殿主要用楠木建造，木材纹理紧密，不需满座“地仗”。至清代大型木料减少，许多宫殿建筑的大木作多为帮拼组成，为保证油饰质量，须铺作“地仗”（也就是我们现在说的打底）。施工中先将木构架斩砍见木，撕缝，下竹钉、汁浆使表面平整，然后用不同粗细的砖灰、桐油、土面子、樟丹、白面按比例熬制成油灰，分层涂在木构件表面。高级做法还需要加裹麻丝或麻布以增强韧性，最后磨细表面，刷生桐油一遍。表面油饰料分为大漆与桐油两种。桐油或大漆内加入颜料，即成色油。油活又分三道：糙油、垫光油、光油，等级较高的装饰还有贴金的做法。

这种做法在木构件的表面形成一个较厚的灰麻包裹层，其上刷色油、画彩画，表面光洁有很好的装饰效果。但是这种做法使桐油接触不到木材，起不到防腐的作用，如年久破损、水汽侵入，不仅损坏木结构，并且木材受潮膨胀会造成包裹层逐渐剥离。因此这种做法在一定年限后必须重做，这也是清代油漆彩画的致命弱点（图 4-1-2）。

图 4-1-2 中国传统建筑中清式和玺彩画
（图片来源:《紫禁城宫殿》，生活·读书·新知 三联书店，2006）

图 4-1-3 圣马可教堂中金色马赛克装饰，威尼斯，12 世纪
（图片来源:《拜占庭艺术》，[美] 托马斯·F·马太著，卢峭梅译，中国建筑工业出版社，2004）

1.3 色彩与装饰材料

在建筑装饰中，除了使用涂料或颜料在墙面上绘制图像或刷色之外，天然材料本身也是构成色彩装饰的重要元素。色彩装饰材料与建筑材料不同，是指没有任何结构功能，附加在主体结构上的装饰材料。在古代建筑中常用的色彩装饰材料有：石材、木材、马赛克、彩色玻璃，以及贵重金属和织物等（图 4-1-3）。西方设计师对于材料的观念在很长一段时间里一直是统一和明确的，表现在对于天然材料的偏爱和表现材料真实性的肯定。传统的设计观念认为，真实地使用材料是对宇宙间的美的基本法则的再现。这种观念在一些当代建筑师，如 Peter Zumthor 的作品中仍然可以体现出来。同时，对于天然材料的质地、纹理，最为重要的——色彩所产生的美感的认同也是设计师重要的动机之一。

当今由于建造技术的改变，以及材料学的发展，建筑中的装饰材料的发展已经成为了建筑设计、室内设计中更新最快、应用最丰富的一个设计领域。随着材料技术的更新，材料的色彩已经不局限于天然材料的色彩，各种绚烂的人工合成色彩越来越多地应用到建筑设计当中。我们将在第 6 章具体介绍装饰材料的特性与工艺技术。

1.4 光与色彩

哥特建筑中彩色玻璃装饰是最早的色彩与光相结合的建筑色彩装饰，通过对于光线和色彩的运用创造出了令人惊叹的室内效果。在此之前和之后的很多年中，再也未能出现与之媲美的创造。但是进入现代社会之后，电力的使用和灯光照明的出现使之前所有的装饰都黯然失色，其为建筑，乃至城市所带来的色彩装饰效果，以往任何一个年代都无法比拟。尤其在 20 世纪末到本世纪初，LED 技术的推广使得建筑的色彩装饰发生了一次革命性的变化。通过LED和计算机技术，人们不但可以赋予建筑任何颜色，还可以随意地改变色彩，甚至使建筑的色彩随着程序产生各种变化和组合（图4-1-4）。灯光成为了创造城市夜晚色彩的装饰手段，大到拉斯维加斯一样的城市尺度，小到夜间充满情调的酒吧和各种娱乐场所。

图4-1-4　韩国首尔Glarria商场外立面，UN Studio利用LED技术将各种色彩加入了建筑的外立面，一天中随着时间的变化，建筑的表面会呈现不同色彩

（图片来源：UN Studio，2006）

第2节　色彩装饰在建筑中的作用

2.1　建筑群的色彩

故宫建筑群给人最强烈的色彩感受是屋顶色彩、墙面色彩共同形成的一种整体的完整风格。在一定距离外远望建筑群时，观察者会感受到其整体形象的完美和壮丽。对于故宫建筑群色彩的使用，伊东忠太在《中国古建筑装饰》中曾做过详细的分析。他的主要观点是，故宫的建筑群体效果是通过屋顶与构架的色彩对比创造的。构架的色彩主要是朱、丹、蓝、绿的混合，当观察者从一定的距离观看，这几种色彩就被混交成一片泛绿的紫色，与橙色的屋顶相互辉映，创造出强烈的视觉感受。

故宫建筑群的色彩装饰是经过精心设计的色彩效果，然而这种对建筑群色彩的整体处理，几乎发生在世界所有地区。例如，中国南方徽派建筑中黑瓦白墙、意大利托斯卡纳地区成片的红色屋顶（图4-2-1）。在这些例子中，建筑色彩所创造的整体性已经超出了建筑群体的范围而是整个村落和城市的建筑的统一。

图 4-2-1 意大利佛罗伦萨城市的色彩

古代建筑群体色彩，或者城市色彩的特点实际是建筑的地域特点。首先，建筑材料的选择是以当地容易获得的材料为主，对这些材料进行的建工和处理也是采用当地传统施工工艺。同样的材料和加工工艺，使得建筑很容易在一定的地区内形成统一整体的建筑色彩。其次，色彩的选择与地域自然环境关系紧密。气候条件、日照强度、周围自然环境的固有色彩，都会影响建筑色彩的形成。

进入现代社会之后，一方面，建筑材料的选择逐渐摆脱了地域限制；另一方面，现代建筑技术使得建筑材料和建筑施工工艺趋于全球性的统一，因此以往年代所产生的建筑群体、村落和城镇的整体性色彩风格也随之逐渐消失。目前对于城市色彩的研究已经成为一个专业性很强的研究方向，当代城市色彩研究中最主要的一个问题就是地域性与城市色彩的关系。

2.2 建筑立面中的色彩

2.2.1 对建筑结构的描述

色彩装饰在建筑物中应用时，最常见的形式就是通过不同色彩之间的对比（色相的对比、明度的对比），在视觉上强调建筑的结构特征。在不同结构体系建筑中的色彩装饰构成原则和布局方法是截然不同的。

2.2.1.1 木质结构建筑的色彩

以中国传统建筑为例，在中国传统建筑中，无论是宫殿建筑还是乡土民居建筑，色彩使用最突出的一点就是强调各个建筑构件，使这些建筑构件在视觉上更为清晰。

首先，屋顶的颜色与木构件的颜色相区分（图 4-2-2），这是建筑物中色彩对比最强的一个层次。宫殿建筑中或是黄瓦红柱、或是绿瓦红柱，都在色相上有较大差异。南方建筑中这种对比更为强烈，例如江南建筑中黑瓦白墙的黑白对比。这种对比关系使中国传统建筑最具特色的建筑部位——屋顶清晰地呈现在观看者的眼前。其次，木框架中不同构件的区分。这个层次主要体现在一些等制较高的宫殿、庙宇等建筑中，主要是由于对于建筑色彩的等级限制所造成。建筑木构件本身的色彩使用的变化并不很多，主要属于红、蓝（蓝绿）分配的问题。在高等制建筑中，原则上承受荷载的垂直构件（柱）为朱丹色，无疑在视觉上最为突出；框架中的水平构件则几乎是以蓝绿为主要色调，只在局部加入少量的红与其他部分色彩相呼应（图 4-2-3），当水平构件相重叠的时候，蓝绿色彩的使用会相互交错，打破单调的排列。最终的视觉效果是，构架上部由椽、斗拱组成的部分色彩丰富，分布精致，柱和隔扇部分则处理成单色，通过这样的色彩处理，木构架的各个部分被强调了出来。

图 4-2-2 建筑屋顶色彩与屋檐下方彩绘颜色的对比效果
（图片来源:《紫禁城官殿》，生活・读书・新知 三联书店，2006）

图 4-2-3 建筑中横向构件和竖向构件的色彩对比
（图片来源:《紫禁城官殿》，生活・读书・新知 三联书店，2006）

概括地说，以中国传统建筑为例的木构架建筑在色彩的应用上最主要的特征是将建筑物的各个部分通过色彩相区别，从而使建筑各部位在视觉上更加清晰。建筑的屋顶、屋身、基座在色彩上差异较大，属于第一层次的差异；建筑木构架中水平构架和垂直构架之间的差异属于第二层次的差异，色彩装饰的丰富性主要体现在这个层次上。中国建筑的色彩装饰，尤其是木构件彩绘，是一个复杂、丰富，并且充满了各种规定和制度的工艺门类，我们将在第 2 部分——中国传统建筑装饰作详细的介绍。

图 4-2-4 18 世纪考古学者对古代希腊建筑的彩色复原图
（图片来源：European Architecture 1750-1890，Barry Bergdoll，Oxford University Press，2000）

2.2.1.2 石制建筑中色彩的应用

现今遗留下来的西方建筑的外立面的色彩装饰并不十分突出，无论是色彩的使用量还是色度的强烈程度、色相的对比度都远远不如中国传统建筑中的色彩。以至于对于大多数人来说，西方古典建筑就是近乎于白色的石材本色。但是实际上，西方建筑的立面装饰在很多时期都曾大量使用色彩，从古代希腊时期就已经开始（图 4-2-4）。不同于之前介绍的对坯土和夯土墙面的施色，古代希腊建筑的色彩处理工艺主要有两种：第一种，对于粗质石材，在石材表面涂抹一层大理石粉末，然后着色；第二种，对于质地细腻的白色大理石则使用烫蜡，溶在蜡中颜料就被敷在石材之上（图 4-2-5）。

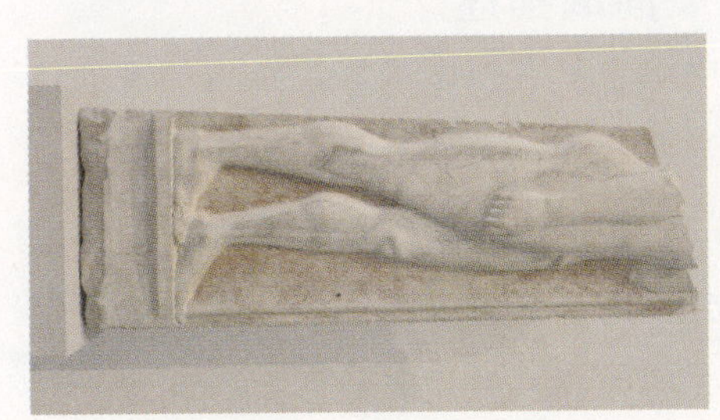

图 4-2-5 着色的大理石残片

石制建筑与木构架建筑的最大区别在于立面中不可缺少的大面积墙体，因此建筑物的表面以一种平面的状态呈现在观看者面前。在第 3 章中我们曾经提到，西方建筑立面装饰中的造型装饰起到了决定性的作用。其中，造型装饰最主要的作用之一就是强调立面中的开口（门、窗）部位，在建筑的色彩装饰中，与之相呼应，色彩运用原则之一就是配合造型装饰进一步突出立面中的开口构件。图 4-2-6 中的建筑立面用白色表示结构性的竖向壁柱，开口的周边同样使用白色勾勒轮廓，墙面的其余部分被涂以柔和的中间色，整个立面的色彩简单却有十分清晰的逻辑关系。

图 4-2-6 建筑立面中色彩对结构的表现，罗马，意大利

图 4-2-7 意大利佛罗伦萨圣母百花教堂

2.2.2 对墙体的表面的描述

色彩装饰在建筑中除了具有清晰的表现结构关系的作用之外，立面中的色彩还起到划分墙面，使表面形成图案或其他新的视觉效果的作用。这种装饰与之前提到的用色彩描述结构的方法十分不同，它似乎具有令人震惊的、使建筑物的实际结构消失的效果，并用光线和色彩和虚拟结构来代替原本真实的结构。

中世纪晚期和文艺复兴早期的意大利，一些教堂建筑的立面处理就采用了一种复杂的石材贴面装饰，其中最为著名的是佛罗伦萨的圣母百花教堂（图 4-2-7）。教堂的整个立面被不同颜色的石材分割成小的单元，绿色和粉色的大理石相互穿插共同构成了一个图案性的建筑立面。比圣母百花教堂更具有图案性的色彩装饰是中世纪意大利北部一批黑白相间、条纹图案的教堂建筑（图 4-2-8）。

图 4-2-8 Orvieto 教堂中的黑白对比的条纹表面，1290~1330

在上述案例中，所使用色彩之间色相的差异并不是装饰效果首要的决定因素，建筑中材料色彩的明度是取得图案效果的决定因素。另外一种色彩装饰方法是使用色相的差异来达到建筑表面的图案效果。图 4-2-9 中色彩之间的红绿或黄绿的巨大色相反差是我们解读墙面中图案的关键。如果我们将其中的色彩去掉，可以看出原本反差强烈的表面效果变成了微弱的差异，这种微弱差异的形成在很大程度上还是由于造型装饰的凹凸变化所致。因此，如果在建筑表面选用在明度上基本属于相同数值的色彩，那么必须加大它们色相的对比才可以产生强烈的视觉感受，中国传统官式建筑中所采用的色彩规则大多如此。

与描述结构的色彩装饰相比，这种色彩装饰实际上是在真实结构之外重新创造了另外

图 4-2-9 彩色琉璃影壁

（图片来源：《紫禁城宫殿》，生活·读书·新知 三联书店，2006）

一个表面。在图 4-2-9 中色彩的应用与图案关系密切，色彩在其中的作用并不处于绝对的主导地位，而是依赖具象图案完成装饰效果。但是在一些西方建筑中，例如前面提到的圣母百花教堂，色彩是新的图案表面形成的关键。在这个建筑中，色彩拥有独立于具象图案之外的自我价值。

2.3 文化和社会作用

建筑当中色彩装饰的文化和社会作用在中古建筑中体现得最为突出。虽然在基督教建筑当中，色彩的使用有一定的象征意义，但是对建筑的色彩装饰进行严格、系统的规范和限制只有中国传统建筑。因此，在中国古代，建筑色彩装饰的意义不仅仅属于建筑的范畴，而是具有更复杂的社会意义。色彩装饰是中国古代社会等级制度最有代表性的物化产物，我们将在第 2 部分——中国传统建筑装饰中进行详细的讲述。

第 3 节 色彩与室内空间

前面所讲到的建筑装饰中的色彩是色彩与建筑物或者建筑体的关系——色彩与形体之间的关系。通过将色彩运用到形体的不同部分，或使形体呈现出更清晰的关系，或突出形体中重要的部位，或产生新的描述。但是在建筑的内部，也就是形成空间的部分，色彩使用已经不局限于以上所谈到的作用，色彩还作为一种感官体验影响我们对于空间的感知。

3.1 墙面的划分与组织

现存最为完整的地上建筑室内色彩装饰应该是古代罗马时期的庞贝古城中的宅邸壁画（图 4-3-1），庞贝壁画中已经出现了多种用色彩和图像划分和组织墙面的形式。在这些壁画中，可以看出墙面被不同的色块分割成面积大小不一的区域，区域间主、次要的关系通过色彩的差异表现出来。色彩方案或是对比明显的（色相、明度、纯度的对比）双色效果，或是多彩色的令人目眩的效果。

需要强调的是，空间中墙面色彩方案的组织通常有两个重要依据：第一，室内空间中

图 4-3-1 庞贝建筑中壁画的复原图
（图片来源：Ornament and the Grotesque，Thames & Hudson，2008）

的结构；第二，墙面的高度和人体的关系，尤其是在尺度辉煌的建筑当中，可以使用色彩的分布调整过高的室内空间，从而创造舒适的空间感受。图 4-3-2 中的室内墙面用不同颜色的横向色带，将墙面划分为若干层，我们可以清晰地观察出这些层次实际是两个部分，在墩柱和拱券交接有明显的分界线。上部虽然使用了不同的色彩，但是这些颜色都统一在相近的纯度中——粉红、粉绿色调，与下部鲜艳的红色在色彩的纯度上形成对比。这个色彩装饰方案成功地运用了色彩的一个重要属性——纯度。上部低纯度的多种颜色和下部高纯度的单色，形成了统一但是差异明显的色彩方案。通过色彩对墙面的划分，室内的结构构件被明确地描绘出来。

图 4-3-2 米德兰大酒店（Midland Grand Hotel），英国
（图片来源：European Architecture 1750-1890，Barry Bergdoll，Oxford University Press，2000）

3.2 空间的界定

在第 2 章讲述了图像装饰在古代建筑中的应用，并且以古代庞贝住宅室内壁画为例，重点分析了图像的组织与室内空间的关系问题。从 Villa of Mysteries 看出，装饰在空间的作用是图像和色彩共同完成的。墙面当中色彩装饰的组织，色相的选择、面积大小和分布，带有明显的空间考虑。

首先，在同一个空间当中色彩基调的一致性是保证空间完整性的重要因素。尽管古代时期的色彩装饰是通过图像表现出来，但是空间主要色彩的基调一目了然，这样无论绘制的图案多么丰富，也不会破坏空间的完整性。图 4-3-3 中整个空间的色调以黄绿为主，空间中较大面积使用的都是这种色彩基调，例如暗绿色的大理石铺地、墙围部分为土黄色调石材，以及墙面上部壁画介乎黄绿之间的底色。色彩基调奠定之后，即使在局部使用与之反差强烈的对比色也不会破坏空间的整体性。图 4-3-4 中，空间几乎没有任何色彩，只是在拱肩上装饰了局部色块，但是空间整体的统一色调使小色块在空间中尤其突出，这

图 4-3-3 Prague 教堂室内
（图片来源：Medieval Architecture ，Nicola Coldstream，Oxford University Press，2002）

图 4-3-4 拉文纳圣·马德琳娜教堂，12 世纪
（图片来源：Early Medieval Architecture，Roger Stalley，Oxford University Press，1999）

一细节的变化清楚地强调出空间的序列。

在空间中使用相同色彩的基调，从而保证空间完整的感官感受的色彩方案仍是当代设计的主要方法。但是随着开放空间在现代公共建筑中的出现，色彩在建筑中的使用不再仅是为了保证空间的完整性，使用色彩进行空间的组织和划分区域成为了另一个重要的设计目的。利用天花、墙面、地面的色彩变化和对比，设计师可以在没有建筑构件的情况下，将不同功能的区域进行区分。图 4-3-5 中，空间的色彩方案是粉绿对比的两种颜色，墙面色彩与地面色彩连为一体，使粉色的接待区域和绿色的展示区域被明确地划分出来。

图 4-3-5 当代建筑室内色彩的应用，赫尔佐格 & 德梅隆

第 4 节 色彩科学与感官感受

在图 4-3-5 的例子中，色彩的使用没有借助任何图像，而是纯粹的、抽象的颜色的运用。这种使用单色涂料对室内空间进行装饰的方法建立在现代的色彩科学之上，之前古代社会对色彩的认识更多是作为图像的辅助，是一种自然的模仿。1851 年欧文 · 琼斯在对水晶宫室内进行设计的时候，试验性地应用了当时的色彩科学理论。试图通过色彩刺激视觉，使观看者产生透纳的绘画中所表达的雾的感觉。琼斯所进行的色彩设计，无论与之前的古代罗马壁画装饰，还是文艺复兴时期的壁画装饰都有着本质的区别。琼斯将从前表面图案的色彩放入了三个空间中，通过创造巨大的色彩空间，色彩与人的眼睛之间形成了一种直接的交流，没有叙事行动、图像化或符号化的中间环节。室内的色彩装饰从这个时候开始，成为装饰主体元素，设计师开始利用色彩科学，建立色彩与人的感官感受之间的关系。

但是，本章一开始就提到对色彩描述的困难之处，如何建立色彩与人的感官感受之间的联系也一直是设计学科内争论不休的问题。很长一段时间内，色彩被赋予高度的象征性，以帮助完成这种关系的建立。在一定的文化背景之中，色彩的象征意义的确会帮助设计师在面对色彩的选择和使用时，建立一定的标准，例如红色和黄色在中国文化中表示尊贵的地位。但是这种标准只适用于特定的文化背景和语境，以及一些特定的纪念性建筑。

现代民主社会当中，建筑色彩装饰在向着一个纯粹装饰的方向发展，色彩的象征意义、代表的文化含义、宗教含义的重要性逐渐地不再作为色彩装饰的出发点。在很多设计中，色彩的选择已经成为设计师十分主观的选择，而选择的标准更多的是出于纯粹的审美判断。

第5节 色彩装饰在当代的应用

荷兰希尔维苏姆视听中心外立面的色彩是来自中心档案馆保存的电视节目的画面（图4-5-1）。这些画面经过计算机处理，创造出动态的模糊的形式，用以表示运动中时间的凝固。玻璃为悬挂式双层幕墙，仿佛歌特式教堂的彩绘玻璃一样，为室内空间注入了大量色彩斑斓的光线（图4-5-2）。希尔维苏姆视听中心的色彩处理几乎集中了当代最高端的建筑技术，其中色彩在建筑中的抽象、独立的表现是最突出的特征。色彩既不依赖于材料，同时也不依赖于图像。色彩的独立使用赋予了当代色彩装饰新的面貌，但是在色彩的选择上也出现了设计师主观判断的倾向。对于色彩的认识目前仍然处在一个不断完善的过程之中，人们对于色彩的理解和描述的模糊性使理性地选择和应用色彩成为一件并不容易的事情。在上面的案例中，色彩尽管是抽象、独立的设计元素，但在选择时还是依托了电视画面这个重要的具体实物，红、蓝、绿实际是电视技术中的基本色彩元素。

图4-5-1 荷兰希尔维苏姆视听中心，2008
（图片来源：《建筑细部》，2009年2月）

图4-5-2 彩色玻璃的细节，表面为计算机雕刻纹样

在当代设计中，色彩不仅仅是装饰的元素，还承担着空间提示的作用。图4-5-3中的办公空间中，不同纯度和明度的红色、粉色将空间的形状清晰地呈现在人们眼前，从而帮助人们在一个流动的开放空间中轻易地辨别出各个空间的起始和终结。

图 4-5-3 现代办公空间中色彩的功能特征

色彩的愉悦性和功能性在现代环境设计中被越来越多地结合在一起。人类视觉对于色彩的喜爱无疑帮助了色彩在空间中的功能作用。通过不同的色彩提示空间属性的变化是当代室内空间设计中的重要和常见的手段，通过色彩的变化我们可以简单地告知和暗示楼层的转变、功能性空间的变化，甚至可以利用人们对于色彩的通识从而赋予色彩更多作用，例如蓝色表示男性，粉色代表女性等。色彩在设计当中的作用实际远不止此，随着数字技术的出现和发展，色彩在建筑中的应用已经开始向新的方向发展，如何通过色彩将信息传达给环境中的个体、如何通过色彩调节人的心理都是设计界不断探索的问题。

第 5 章　装饰艺术与材料及技术

我相信，我们能够用一切材料——一切我们能够恰如其分地根据其特性使用的材料——来创造我们今天的建筑……关键在于，我们要始终发扬创造的精神，因地制宜，而不是将格格不入的思想强加于建造的地点……从古至今，人类休养生息，周而复始，生活方式也许并没有发生根本的改变……即使用最现代的材料进行建造，也应该保持建筑与自然环境的特点和谐一致。情感因素也不可忽视，建造应该揭示情感，否则会变得呆滞而缺少人情。因此我们在选择材料的时候就不应该仅仅考虑造价和纯粹技术的因素，而应该包括情感和艺术想象的精神。

——亚里斯·康斯坦丁尼蒂斯《建筑学》

以往对于建筑装饰的研究多是以针对装饰纹样的收集、整理为主。这些固然是一项重要的研究工作，但是隐藏在这些装饰形态背后的历史、文化和经济背景，以及当时的工艺技术和当时的人对于材料的态度，都是这些装饰形成的原因。随着时间的流逝，建筑装饰本身在今天人们的眼中呈现出的是各种不同的形态和价值，其中一些成为国家级的文物，如汉武梁祠画像石刻、唐代的织锦；一些仍存在于原有的建筑之上；还有一些被现代的人们拆卸下来，作为当代室内装饰的元素。如大量明清住宅的木刻被重新使用在当代的餐厅空间、会所空间当中，随着时间的流逝，古代建筑装饰被赋予了更多的内容，对于久远年代的装饰物人们已不知不觉地不再将它看作单纯的物质形态。

如果回到那些距离我们遥远或者不那么遥远的古代，就会发现材料与装饰艺术曾经如此紧密地联系在一起。在中国建筑中，建筑工作往往是根据工人所工作的材料和工艺对其进行分类，也是因为这个原因，建筑装饰工作往往只集中在某几个工种上。因此，如若希望真正地了解建筑装饰，就不可避免地需要熟悉每一种材料和与之相关的制作工艺。第 1 章曾经提到，装饰在当代再一次得以发展，其中一个最主要的原因是由于计算机技术的发展、材料的发展和制作工艺的发展。这意味着在当今的设计环境中，每一位设计师不但要了解材料和加工工艺，甚至应该从材料和工艺入手去进行设计思考。对于以往建筑装饰的理解，不仅仅是对于装饰内容的解读，更为重要的是实践和制作。

第 1 节　抹　　灰

几百年来，抹灰饰面一直被应用在建筑当中。抹灰的应用既是出于设计原因，也是出于对建筑墙体的保护。这种表面处理技术十分多样，由此带来的表面效果也是变化多端。

抹灰表面所形成的纹理大多是由于材料本身（颗粒大小和颜色）的自然状态形成，一些特殊的纹理则是由于施工时使用的工具带来的结果。

1.1 刮擦（拉毛粉饰 Sgraffito）技术

传统刮擦的工艺是，在深棕色石膏基底上薄薄地铺一层细腻的白色石膏，根据设计的纹样将这层白色石膏刮掉，暴露出下面的彩色基层，从而形成一种棕白对比的装饰效果，类似于蚀刻板画技术（图 5-1-1）。

1.2 凹槽技术

在抹灰表面嵌入模板，以创造出类似浅浮雕状的表面效果。在最后一道抹灰之前，把木制模具或塑料制模具安装在建筑的表面，完成抹灰之后，移去模具，使模具的形状留在抹灰层的表面（图 5-1-2）。

图 5-1-1 刮擦，瑞士恩加拉丁
（图片来源：《建筑细部》，2009 年 4 月）

图 5-1-2 使用凹槽技术加工的立面造型
（图片来源：《建筑细部》，2009 年 4 月）

第 2 节 砖 瓦

作为建筑材料，由泥（clay）制成的砖瓦具有其他材料所没有的优点：质地柔软、容易加工，并且造价低廉。从这种材料加工而来的建筑部件几乎从一开始就带有装饰纹样，这可能与当时成熟的制陶工艺技术有关。中国古代建筑中瓦的使用在西周已经出现，到战国时期瓦胎质增厚，纹饰普遍增多。早期古代希腊建筑与古代中国建筑一样，是使用木材作为主要的建筑材料，因此陶制装饰物的使用在西方建筑中也十分常见。最初，砖瓦纹样的制作沿袭了陶器的制作工艺，主要有拍印[1]、压印[2]、刻画（剔刻、镂孔、戳印）等，其中，中国古代明清建筑中砖雕工艺成熟，制作极其精美[3]。

---

[1] 拍印工艺是在木板或陶板上，刻以条形、方格等阴纹，之后再拍印在砖坯或瓦坯上。

[2] 压印工艺是在细木棒上用绳缠成中间粗两端细的轴状工具，在砖坯或瓦坯上压出成排整齐的纹样——绳纹。

[3] 砖雕在宋《营造法式》中就有描述，从唐代南禅寺、宋六和塔中的砖雕来看，当时的砖雕技术已经十分成熟。明清时期制砖业的发展，出现质量较高的雕凿用砖，不但使砖雕技术达到了顶峰，同时也出现了专业工种“凿花匠”。

砖瓦的主要装饰工艺分为两大类，一类是对材料本身的装饰工艺，例如前面提到的拍印、雕刻；另一类则是根据砖瓦材料规格统一的特点，建筑中的地面、墙体和屋顶通过不同的排列方式产生不同的图案效果，拼砌工艺。其中第二种装饰工艺在现代和当代建筑装饰中的应用得到了很大发展。

装饰性砌筑方法是通过对角砌砖、侧砌砖等手段，在墙体表面形成一层带有图案的表皮；或通过有规律地减去砖块，形成凹进、凸出的表面肌理（图 5-2-1）。除了传统的手工操作，目前在施工中还引用了自动机械砌砖的技术，以完成更复杂的数字生成图案（图 5-2-2）。

图 5-2-1　德国联邦环境办公署办公楼，Sauerbruch Hutton（图片来源：《建筑细部》，2009 年 4 月）

图 5-2-2　酒厂建筑立面，Bearth Deplazes
建筑立面的砖块由自动机械操作定位

第 3 节　木　　材

木材作为建筑装饰材料在很长的年代中很少显现出其自身的材料面貌。从这一点上说，建筑装饰对于木材的研究是有别于建筑材料的。当然，木材本身具有材质轻、易加工等诸多优点，但是也存在受气候的影响而腐化、变形的问题。因此，在建筑外装饰中，木材往往被其他材料所覆盖，如织物、漆、油、彩绘等，这里讨论的是以木材本身的材质作为装饰工艺技术。

3.1　木雕

木雕是中国古代建筑中长期使用的、应用普遍的装饰做法。宋《营造法式》中已经有木雕的详细描述，主要有：混作、雕插写生华、起突卷叶华、剔地洼叶华等。至清代，木雕工艺进一步向高难技法发展，出现了透雕、镂雕、玲珑雕等多层次的雕刻技法。清后期还出现了使用胶或钉接方法将数层雕制品连接在一起，或与其他材料连接在一起的工艺，称为帖雕、嵌雕。

3.2　包镶木皮

在唐代等级较高的建筑物中，梁、柱等主要构件表面使用包镶木皮的装饰做法，材料一般使用沉香、檀香等具有特殊香气的木料，或用纹理优美的柏木等。这种做法可能源自

图 5-3-1 利用 CNC 技术雕刻的橡木墙面装饰，纽约邦德街 43 号公寓，赫尔佐格 & 德梅隆
（图片来源：Architecture Record, 2008）

南朝。据文献记载，隋代开皇年间荆州长沙寺大殿，就使用了沉香木皮“帖”（中国古代包镶木皮的名称）这种工艺。

3.3 当代木材加工技术

传统的木工艺技术几乎全部使用实木，当代建筑装饰材料则以合成木或人造木为主。目前 CNC 技术已经在木制加工中广泛使用，例如用这种技术制作浮雕造型（图 5-3-1）。需要注意的是，在进行雕刻时，要考虑装饰造型的深度和合成木材厚度之间的关系。

第 4 节 石 材

对于石材的使用古代中国和古代西方表现出非常不一样的态度，主要原因是由于主要建筑材料的不同。中国建筑中石材装饰的部位只集中于建筑的基座部位，采用的加工工艺也是以雕刻为主。而西方建筑中石材是最主要的造型装饰材料，除了雕刻之外还有镶嵌等各种工艺技术。

中国古代建筑中使用的主要石材有：青白石、汉白玉、花岗石、青砂石和花斑石。其中青白石、汉白玉多用于雕刻，但是汉白玉质地较软，耐腐蚀、耐风化的能力又不如青白石。花岗石石纹粗糙，多用于做台阶、护岸、地面等。使用石材的建筑装饰以石雕为主，常见于须弥座、石栏杆、门鼓、抱鼓石、御道等；独立的石雕制品有石狮子、华表、石碑、石影壁等。由此可见，中国古代建筑中以石材为材料的装饰，部位相对集中和独立，并且不作为建筑主体装饰的一部分。

图 5-4-1 圣费塔勒教堂，拉韦纳，意大利
纹理优美的天然石材贴面，这种墙面装饰是古代罗马时期常见的手法，在以后年代中这种装饰方法一直得到建筑师的青睐。
（图片来源：《拜占庭艺术》，[美]托马斯·F·马太，卢峭梅译，中国建筑工业出版社，2004）

与中国不同，西方建筑从古代希腊时期石材雕刻就作为最重要的建筑装饰，并且延续了两千余年。早在古代希腊，从事雕刻工作的人就被冠以雕刻师的称号，有别于一般的匠人。古代西方的工匠掌握了各种加工石材的技术，希腊时期给石材上色是很常见的装饰手法；古代罗马时期就出现了精致的套刻石材地面，以及利用大理石自身纹理，以对称的形式进行拼贴，产生几何式的图案效果的石材贴面装饰（图 5-4-1、图 5-4-2）；拜占庭艺术家发展出一种新的雕刻工艺技术，将图案保持在同一个平面上（没有明显的凹凸变化），这种平面效果使得雕刻具有强烈的装饰效果。

图5-4-2 赫希俄斯·卢卡斯教堂，[希腊]斯蒂里斯，12世纪早期
地面装饰利用了石材的天然纹理
（图片来源：《拜占庭艺术，》[美]托马斯·F·马太，卢峭梅译，中国建筑工业出版社，2004）

第5节 金 属

最早出现的金属是铜和金，铁则出现得较晚，稀有的人造铁可以追溯到公元前1800年。在古代时期，稀有金属是建筑装饰中最重要的材料之一，但是也正是由于它的稀有性，一般使用在关键部位，或是采用镀金的技术减少使用量。进入现代社会之后，随着合成金属的出现以及现代加工工艺的改进，金属成为了可以大面积使用的装饰材料。

5.1 黄金

黄金的冶炼大概始于公元前3000多年。黄金——这一显赫的金属，除了它的稀有性使其成为价值的储备和权利的象征之外，其本身还有令人着迷的物理特性。作为装饰材料，黄金最主要的特性是其稳定性和延展性。

（1）稳定性：银、铜随着时间的推移会氧化，从而导致色彩的巨大变化，而黄金却具有很强的稳定性，它的色彩是永恒的。在建筑装饰中，色彩的稳定性十分重要，因而在等级较高的建筑中往往会使用大量黄金作为装饰。

（2）延展性：黄金的延展性也是其在建筑装饰材料中备受青睐的一个重要原因，其延展率为40%~50%，通过捶打可以使其成为极薄的金箔，1g黄金可以打成320m长的金箔。金箔可贴敷在木材或是其他材料之上，黄金甚至可以加工成金丝、金线，织入丝绸或是其他纺织品中。

古代中国对于黄金的发现和使用，略晚于铜和青铜。先秦时代的人已经掌握了铸造、捶揲、包金、平脱、掐丝、鎏金、金错和镶嵌等金器制作技术。其中，捶揲技术以及随之产生的包金、贴金[1]技术在之后的建筑装饰中应用广泛，尤其是明清时期的建筑彩绘装饰。

[1] 捶揲后的金箔，金片（稍厚）可以直接包在其他材料的外面，称为包金。或依据装饰部位、形状，剪裁金箔贴于器物表面，称为贴金。有时用胶，不用胶时为利用漆的黏附力使其附着于主材之上。

与建筑装饰中金使用密切相关的另一个技术是镀金，亦称鎏金。鎏金的基本原理是用汞加热溶解金，制成泥膏状合金涂抹于器物表面，加温烘烤使汞蒸发，留金在器物上。由于黄金是一种十分昂贵的金属，因此经常和一些便宜的金属制成混合金属，例如黄铜和紫铜。

捶揲
捶揲是黄金制造加工的一个常用技术，其特点是充分利用金料质地柔软、富于延展性的特点，通过捶击使材料按设计延展，制成需要的器物或形状。在捶揲工艺中，制作纹样时需衬以软硬适度、有伸缩性的底衬，多用沥青、松香加毛草或砾石粉，合拌松香制成；也有底衬为预制坚硬底衬，金板片按底模捶制成型，称为冲模。

5.2 铜

从世界范围来说，铜器出现于约公元前 5000 年到前 4000 年，介于新石器时代末和系统使用金属时代之间。最初的金属更多的是用于装饰而不是实用，直到公元前 2000 年左右，铜器才处于使用的全盛时期。中国铜器最早的使用时间学者们还没有取得最终的统一认定，但是可以肯定的是，殷代制造青铜器的技术已经十分成熟。铜的合金包括黄铜、青铜及红铜，其中黄铜早于青铜，青铜早于红铜。青铜是金属中最早的合金，通常是纯铜与锡的合金称为锡青铜；与铅的合金称为铅青铜。

在陕西凤翔县春秋秦都雍城遗址中，发掘的 64 件铜器（杨鸿勋认为是建筑物上构件，类似汉代“釭”或“金釭”)，其中大型构件分为内转角、外转角、尽端（单向齿饰）和中段（双向齿饰）四个类型。多数仅有一两面铜板并饰以纹饰，其余为粗槽框架。据此，这些构件应为大型宫殿的壁柱、壁带之类装饰。小型转角类构件，应为门窗构件。四面铜板所构成箍套。秦汉时代，使用贵重金属装饰宫殿建筑的主要构件，如壁柱、壁带是十分普遍的事情。至隋唐五代，有在宫殿内张挂铜镜的装饰手法，其中唐代长安清思殿为代表，据史书记载耗“铜镜三千片（斤），金银簿十万番。”明清之后，铜制装饰品只集中于屋顶、门窗等建筑中的一些局部构件。大面积使用金属作为装饰材料的例子是“金瓦顶”。金瓦，实为铜瓦，多见于皇家园林；铜胎镏金瓦，多见于皇家园林或喇嘛教建筑；或铜瓦外包“金页子”，见于喇嘛教建筑。

5.3 现代金属工艺

当代金属工艺教工方法主要有：压纹、打孔、铣削以及激光切割、水压切割和铸造技术。金属加工的基本原理与传统加工工艺并没有本质上的变化，最突出的变化就是计算机辅助制造法（CNC）的广泛应用。

（1）铸造：铸造是现存最古老的金属加工工艺之一。由于建造模板和模具的成本很高，因此这种工艺更适合大批量生产，这样才能将产品的造价维持在一个较低的水平（图 5-5-1）。

（2）压纹：压纹是根据给定的模型来压制和塑造金属薄板，从而创造各种图案（图 5-5-2）。

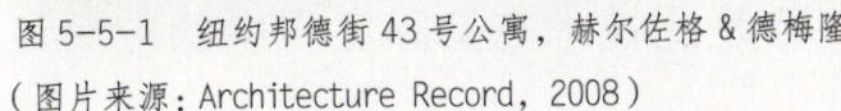

图 5-5-1　纽约邦德街 43 号公寓，赫尔佐格 & 德梅隆

（图片来源：Architecture Record，2008）

图 5-5-2　Caixa Forum 博物馆，马德里，赫尔佐格 & 德梅隆

（图片来源：《建筑细部》，2009 年 4 月）

（3）打孔：打孔和冲裁都是切割金属板的一种方式。使用 CNC 技术可以创造出各种复杂的图形和造型。与激光切割技术相比，它的一个重要优势是可以塑造面积更大的材料（图 5-5-3）。

（4）铣削：铣削是使用铣削工具，对固定在工作台上的材料进行削切，移走金属表面的部分材料的工艺。利用 CNC 技术，可以创造出复杂的三维效果。在很多情况下，是将需要装饰的表面分割成小块进行铣削加工，之后再组合到一起（图 5-5-4）。

图 5-5-3　旧金山 De Young 美术馆，赫尔佐格 & 德梅隆

（图片来源：Herzog & De Meuron Natural History，Phlip Ursprung，Lars Muller Publishers，2002）

图 5-5-4　圣约翰教堂，德国萨尔布吕肯市，Wandel Hoefer Lorch

（图片来源：《建筑细部》，2009 年 4 月）

（5）等离子切割：等离子是被加热到一定高温的可导电的气体，等离子切割实际是一个熔融的过程。根据材料的厚度，结合等离子的能量，所有导电材料都能被高速、精确地切割，切割厚度可以达到 160mm。与其他切割方式相比，等离子切割成本较低（图 5-5-5）。

图 5-5-5 钢材等离子切割技术
（图片来源：《建筑细部》，2009 年 4 月）

（6）激光切割：激光切割一般用于薄片材料和三维物体，最适合加工造型复杂的设计。利用激光切割技术可以制造出精密和复杂的建筑构件，但是此技术在实际工程中的应用还处于研究阶段（图 5-5-6）。

图 5-5-6 激光切割技术
（图片来源：《建筑细部》，2009 年 4 月）

第 6 节 玻 璃

6.1 传统玻璃工艺

玻璃制作工艺可以追溯到久远的古代，最早的玻璃制品应该是约公元前 3000 年的有孔玻璃珠，最早的玻璃容器制造于公元前 1500 年左右。但是这项工艺在公元前 13 世纪几乎销声匿迹，直到公元前 9 世纪在美索不达米亚和叙利亚重新得到复苏。公元前 4 世纪，玻璃的制造生产工艺传入埃及的亚历山大里亚城。很快，这座城市成为重要的玻璃制造中心。

古代罗马的玻璃制作工艺精湛，色彩丰富，并且审美品位极高。罗马工匠制作玻璃的工艺来自于古代埃及，在其占领埃及之后，玻璃生产曾成为埃及重要的工业之一。随后的年代中，一些埃及工匠来到罗马成为专业的玻璃工匠。古代罗马玻璃是二氧化硅、纯碱和石灰的化合物，它的主要成分是从混有杂质的砂子中精选出来的纯净砂子。纯碱有不同的来源，其中最主要的是从燃烧过的海藻中提取。古代罗马的玻璃工匠在制造过程中，通过加入不同的矿物质，可以制造出多种色彩的玻璃。在这个时期，玻璃已经作为一种奢侈的装饰材料出现在建筑中(图5-6-1和图5-6-2)。罗马工匠用玻璃模仿价格昂贵的大理石，像使用马赛克一样，用以装饰建筑墙面和地面。同时，他们还生产出方形和长方形的小块玻璃安装在窗户上，使室内有更好的采光。早期基督教时期，在玻璃中加入薄薄的金叶成为当时精致的装饰制品。

图5-6-1　宝石玻璃残片，罗马，公元前1~25年

图5-6-2　玻璃马赛克残片，罗马，公元前1世纪。这个残片应该是宫殿建筑的室内装饰，极有可能来自公元前54~68年尼禄时期的金屋(Golden House)

彩色玻璃无疑是中世纪教堂中最耀眼的建筑装饰。最早的彩色窗户是采用类似马赛克的小块玻璃拼贴而成。彩色花窗上图像的制作方式是，将彩色玻璃根据需要切割成合适的形状，用铅条将其固定，铅条是构成花窗的主要框架。为了突出玻璃的色彩，铅条的线条粗犷，颜色通常为棕色，与玻璃的鲜艳颜色形成对比(图5-6-3)。

图5-6-3《圣方济格接受圣迹》，Barfusserkirche教堂，1235～1245(图片来源:《哥特艺术》，[美]迈克尔·卡米尔著；陈颖译，中国建筑工业出版社，2004)

另外一种彩色花窗与上述做法不同，是在清玻璃或单色玻璃上涂以一种金属氧化物

的珐琅颜料，之后进行烧制，使色彩与玻璃成为一体。珐琅颜料为艺术家提供了更为自由的创作空间，因此这种工艺制成的花窗更为生动，充满各种细节。但是，同时也正是这个原因使上色的彩色花窗失去了之前花窗夺目、深邃的色彩效果，以及粗犷的装饰视觉效果。

13 世纪和 14 世纪是彩色玻璃花窗的鼎盛时代，在欧洲大陆和英国的哥特教堂中充满了制作精美的花窗。16 世纪中期珐琅颜料开始使用，并且开始对花窗中的图像造型进行改革，之后文艺复兴的一些艺术家也参与到这个改革当中，但是遗憾的是之后的彩色玻璃图像再也未能回到之前年代的辉煌。

6.2 当代玻璃技术

（1）丝网印和釉彩玻璃：碾压、铸造和丝网印刷工艺可以在玻璃上实现着色或印刷效果，概括地说是将釉彩或印花烧制在玻璃表面上。在丝网印刷方法中，复杂的图案或图像可以通过丝网印刷技术直接制版，以数字的形式制成（图 5-6-4）。

图 5-6-4 荷兰视听中心，Hilversum
（图片来源：《建筑细部》，2009 年 4 月）

图 5-6-5 维也纳娱乐中心外玻璃幕墙，玻璃板间空腔中贴有彩色薄膜
（图片来源：《建筑细部》，2009 年 4 月）

（2）酸蚀、喷砂：用酸蚀法可以生产出磨砂的耐候玻璃表面，并且不会降低材料的强度。使用模板或数字模型还可以在玻璃表面蚀刻出复杂的图像。

（3）多层玻璃：目前的技术可以将彩色或全息薄膜放置在两层玻璃之间，玻璃之间可以插入多达四层不同的薄膜。使用这种方法可以创造出更多的色调、透明度，以及多层次的图像效果（图 5-6-5）。

第7节 马 赛 克

7.1 古代制作工艺

马赛克是指由小块方形的大理石或釉面材料拼制的装饰。马赛克的基底是涂抹在墙面或其他平面之上的水泥合成物，不同时期、不同地域这些合成物的成分有所不同。在意大利地区，马赛克的施工工艺是在墙上涂抹一层很厚的胶粘水泥（mastic cement），合成胶粘水泥的材料有大理石粉末、石灰、亚麻油；在水泥基底之上是一层优质石膏底，石膏底的厚度一直达到马赛克装饰应完成的表面；图案设计描绘在石膏基层上，之后用小凿一点点凿去石膏，将浸过湿石灰的小块大理石（马赛克）嵌入凿去的部分，位置和色彩都要与图样一致。最后完成的表面是平整的，做最后打磨、抛光处理❶。

精美的地面马赛克装饰在古代罗马时期十分流行，装饰纹样的内容有现实和想象中的各种动物；争斗的角斗士；游乐和狩猎的场景；海神以及其他海洋生物等，大面积的马赛克铺地经常带有图案式的边框。这种美丽的马赛克地面在古罗马的建筑遗迹中随处可见。这一时期最著名的马赛克地面装饰作品是现藏于纳普勒斯博物馆（the Naples Museum）的“亚历山大大帝”。马赛克装饰普遍用于喷泉、柱子、护墙板、墙面饰板，以及地面的装饰，在庞贝古城的遗迹中，级别较高的住宅在装饰中对马赛克的应用极为奢侈（图 5-7-1）。

图 5-7-1 庞贝古城中最大房屋 House of Faun 中大幅马赛克地面，3.13m×5.82m
出土于 1831 年，亚历山大马赛克为现代命名，画面描述的是亚历山大大帝战胜波斯大流士的战争场景。左边的人物是亚历山大大帝。作品中小石块有 4~5 种主要色彩，共计约 250 万 ~550 万块。目前被收藏于那不勒斯（Naples）国家博物馆
（图片来源：Art in Renaissance Italy，Evelyn Welch，Oxford，1997）

早期基督教建筑的马赛克装饰内容和装饰风格在很长一段时间内都受到古典传统艺术的影响，直到 16 世纪在很多教堂的装饰中我们仍然看到异教与基督教装饰元素的混用情况。

❶早期的马赛克装饰形式十分多样，并且有各自不同的名称。在古代罗马被称为 lithostratum 的马赛克，主要用于地面铺装；opus sectile 是指色彩丰富的地面铺装；opus tesselatum 是以几何图案为主的设计；opus vermiculatum 是指切割成形状不同的小块珐琅、赤陶（terra-cotta）、大理石等以适合复杂图形。今天，这些工艺仍在被罗马和威尼斯的一些手工艺人使用。

在罗马圣康斯坦察陵墓中，中部拱顶装饰就是用罗马装饰风格表现的异教题材“欢娱的酒神”;这个建筑其他拱顶上的装饰则是布满了卷曲的葡萄藤,孩童的形象分布在藤蔓之中（图5-7-2）。这个建筑中马赛克的装饰题材，使得建筑看起来似乎是一个酒神的神庙，但是由于葡萄藤也是基督教信仰的符号，因此基督教和异教的装饰题材自然而然地结合到了一起，这种结合在康斯坦丁时期十分常见。康斯坦丁迁都至拜占庭之后，马赛克装饰被应用到东罗马帝国的各个教堂中。

图 5-7-2 圣康斯坦察中的马赛克天花装饰
（图片来源：wikipedia 网站）

7 世纪，马赛克装饰处于低迷状态；8 世纪只有在意大利周围还看得到马赛克的应用；从 10 世纪到 12 世纪，在富有的拜占庭，希腊的手工艺人发展出来一系列其他装饰工艺，象牙雕刻、浅浮雕技术、金属工艺等，马赛克装饰艺术逐渐进入了颓废时期。直到 13 世纪末期，在文艺复兴的曙光中，马赛克装饰艺术重新得到了重视，并影响着意大利其他的艺术。由于多数 16 世纪以前的马赛克装饰都在不同程度上被后人修复过，因此真正的拜占庭时期的马赛克装饰并没有留下很多原作。

除了上述的马赛克装饰之外，萨拉逊人（Saracens，阿拉伯人的古称）在西班牙的阿尔汉布拉宫内使用了大量的马赛克装饰。阿拉伯人使用的材料是釉彩花砖（azulejos），而不是切割成小块的大理石。他们将这种彩釉瓷砖切割成几何形，拼成几何形的抽象图案，并且这种装饰通常布满建筑墙面。在印度工匠们还使用宝石和天然石材作为马赛克装饰的材料，著名的代表建筑是阿格拉的泰姬陵（Taj Mahal）。

7.2 当代技术

19 世纪最初的 30 年，法国和英国曾经发生了著名的马赛克装饰的复兴。在意大利艺术家 Belloni 的主持下，法国建立了马赛克加工工场，各种马赛克工艺在那里重新被恢复。这次复兴的代表作品是卢浮宫内墨尔波墨大厅的地面装饰（Salle Melpomene in the Louvre）。今天，马赛克仍然在作为一种主要的建筑装饰材料。现代施工工艺与古代工艺最大的不同之处是马赛克的图案是由厂家设计和提供，在图案设计部分设计师几乎无法参与。当然，一些价格昂贵的马赛克品牌所提供的图案十分精美，并且也会有很多选择（图5-7-3），但是像亚历山大那样的马赛克作品在今天已经很难出现了。

图 5-7-3 当代的马赛克生产方可以给设计师提供多种选择
（图片来源：BISAZZA 宣传册）

第 8 节 中国的琉璃

在西周时期的墓葬中曾经出土过圆珠、管珠、菱形珠等人工装饰物，有学者认为是"琉璃"，也有学者认为是玻璃。在中国古代建筑中，并没有出现玻璃这种装饰材料。尽管琉璃出现在中国史料记载中很早，但是多用于器皿等其他小型物品的材料或装饰材料，只有被称为"琉璃瓦"的这种低温彩釉所制成的釉面瓦成为一种重要的建筑装饰材料（图 5-8-1）。

图 5-8-1 故宫中大琉璃装饰

琉璃是铅釉陶器，以铅、硝为助熔剂的低温釉陶，以少量金属为成色剂。汉代出土过大量明器即为此种材料，但是未发现用于砖瓦的实例。从出土的唐建筑遗物看，琉璃已使用于建筑局部，如琉璃瓦、绿釉柱础、鸱尾。宋《营造法式》已有对琉璃瓦的详细描述，至金、元琉璃瓦开始大量用于建筑装饰。古代山西为琉璃手工业的传统地区。明朝以后琉璃制作成就显著，北京附近都建有琉璃窑。明初北京的琉璃官窑设置在海王村，今北京琉璃厂，后迁于门头沟琉璃渠村，这一时期依靠的还是山西的琉璃制作技术。现存山西明代的琉璃制品上保留有许多琉璃工匠的姓名和籍贯，通过这些资料可以看出当时山西太原、平遥、阳城、文水都是传统的琉璃制作地区，而马庄贺氏、平遥候氏、阳城乔氏等都是明中后期著名的琉璃手工业家族。

第9节　混　凝　土

虽然在古代罗马就已经出现了水泥这种材料，但是当时只作为建筑材料使用。混凝土成为装饰材料是在现代主义之后，是现代主义建筑中使用最普遍的材料，现代主义建筑师最初就注意到了模板为混凝土带来的肌理效果（图 5-9-1）。今天，裸露混凝土的表面装饰效果在之前的各种尝试中发展出两大类：利用模板形成的纹理装饰和对表面进行处理的装饰。

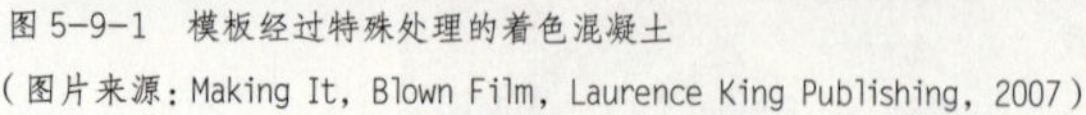

图 5-9-1　模板经过特殊处理的着色混凝土

（图片来源：Making It，Blown Film，Laurence King Publishing，2007）

（1）凹版印刷混凝土：在数字技术的支持下，大幅照片目前也可以嵌入混凝土表面。这种技术概括来讲就是，首先将图像矢量化，之后通过 CNC 技术数字图案嵌入模板当中，进而在混凝土表面形成图像（图 5-9-2）。这种技术的最大特点是，适于创造反差明显的表面效果。图像的对比度越强，展现的效果越充分。

图 5-9-2 以中密度纤维板为模板的凹板印刷混凝土
（图片来源：Making It, Blown Film, Laurence King Publishing, 2007）

（2）混凝土浮雕：混凝土浮雕的制作工艺与凹版印刷工艺近似。首先制作一个基本靠模，然后用塑料翻制“负形”模板（模板重复使用的次数约为 100 次）。与木模板相比，塑料模板浇筑出的混凝土浮雕效果更为理想。

（3）带图像的混凝土：与凹版印刷混凝土不同，图像混凝土是对混凝土表面的一种处理方法。摄影图片被转印到混凝土表面，经过洗刷从而创造深浅不同的色调（图 5-9-3）。

图 5-9-3 赫尔佐格 & 德梅隆建筑事务所对图像混凝土进行的试验和应用
（图片来源：Herzog & De Meuron Natural History, Phlip Ursprung, Lars Muller Publishers, 2002）

第 10 节 塑 料

塑料，这种现代材料开始越来越多地被使用到建筑当中。塑料的制作方法与金属加工工艺有很多近似之处，例如塑料注模法与金属压模法就非常相似。塑料特有的加工方式包括挤压法和吹塑法。除了这些常规做法之外，塑料还有一些装饰性很强的加工工艺。例如在材料中加入颜料和其他物质（图 5-10-1、图 5-10-2），或者利用数字技术印刷各种图像。

图 5-10-1 印刷在中空蜂窝聚碳酸酯板上的图案
（图片来源:《建筑细部》，2009 年 4 月）

图 5-10-2 将花瓣混合在树脂之中的装饰墙面
（图片来源:《建筑细部》，2009 年 4 月）

本章总结

当今的建筑装饰材料和技术越来越与建筑材料和技术融为一体。建筑装饰在不断发展的数字技术背景下几乎是日新月异。众多的建筑和建筑装饰材料及工艺技术的发展和革命，使当今建筑装饰形式和手段已经远远超出了传统建筑装饰。曾经只能用手工制作的复杂图案、造型，如今已经可以被很容易地复制、转化和批量生产。CNC 技术几乎能使任何材料都具有设计师希望的纹样、图案、肌理和造型。很多时候，推动设计项目的动力就是对某种新材料进行尝试的期待，以及研究和开发新技术的愿望。技术的发展一方面为设计师提供了更多的选择，另一方面也在挑战设计师的选择和控制能力。

第2部分 中国传统建筑装饰

第 6 章　装饰的形成

史学家钱穆先生有一个很好的比喻形容中国文化和欧洲文化，他将中国文化和欧洲文化比喻成两种赛跑。中国人是一个人在作长时间、长距离的跑；欧洲则像是一种接力跑，一面旗从某一人手里依次传递到另一人手里——由希腊转递给罗马，由罗马传递给北方蛮族——而他们的这面旗也并不是自己原有的，而是由埃及人手里接来的。如果我们比较分析这两种文化就会发现，这个比喻的确十分恰当。首先，中国文化自春秋战国至明清，在大体上并没有根本革命，是长时期传统一线下来的。而欧洲的文化历史，从希腊开始，接着是罗马，然后是北方蛮族入侵，之后是文艺复兴等等，虽然文化的内在关系是延续的，但是却是由不同的民族来延续这个文化。与之相应所带来了第二个不同，地理（空间）上的变化。欧洲文化各个时期总是有一个相应的文化中心，希腊、罗马、东罗马、佛罗伦萨等，并且时有中断；而中国文化虽然各时代在地域中发展有所差异，但是很难说哪一个是文化中心，中国文化更像是在一个大的区域范围内的一体文化。

以上所说的这种文化现象在建筑装饰中有非常突出和明确的表现。中国建筑装饰发展的一体性特征犹如建筑艺术本身，完整而系统，虽然在不同阶段也受一些外来之力影响，产生一些形式差异，但是终究无法掩饰其内在的完整。而欧洲建筑装饰之语言，随文化中心的转移、文化的中断，其不同时期的表现千差万别。更有近代工业革命，为装饰艺术带来翻天覆地的变化。因此，在面对中国和欧洲两大装饰文化的研究上应采用不同的方法。概括来说，面对中国建筑装饰的研究应该强调其内在的连贯性，着眼于社会、文化环境，分析建筑装饰如何作为一种文化表象反映中国的文化历史；而针对欧洲建筑装饰的研究，虽然也是从社会、文化入手，但是应着重观察其变化动力，如何形成种种新鲜的装饰现象。两者相比较才有利于我们全面了解世界装饰艺术之文化。

第 1 节　建筑装饰的形成和制度

建筑装饰是对建筑物各个部位及构件外观的艺术性处理。自古以来，中国的建筑装饰就和舆服、器物一同成为封建礼制的一部分，起到定尊卑、明贵贱的作用。不同等级的建筑群，以及同一等级建筑群中的不同建筑物，在装饰做法上都会因遵照一定之规而有所差异，包括纹样、色彩、材料做法甚至物件数量等等。也正因为这样，各朝历代都会制定、颁布各种规定和禁令。中国建筑装饰的形式与发展，不但与建筑艺术和装饰艺术关系密切，并且加入了礼制观念的内容。

1.1 礼制与等级

中国传统社会在衣、食、住、行各方面都有一套十分详细的制度限制。一方面明确社会中各阶层的身份地位，同时也有助于维护各阶层之间的关系。在中国的伦理道德观念中，这种制度的建立是维护国家长治久安的大事。《周礼》是战国时代佚名作者托周公而著，是一部记录详细具体制度的、典籍制度之书，其中保存了诸多周代封建时期的实际史料，以及理想的封建制度计划。《周礼》一直是中国古代各朝代共同看重、研究的对象，也为各个朝代在礼制的建立和制定各种严密详细的条例方面提供了详尽的资料。这种等级制度物质化的表现是中国古代社会的一个重要特征。

中国历代统治者都会制定一套详细的官方法律，自汉代以来，此种等级制度越来越详细严密，尤其着重在车马、服饰、居宅、丧葬制度的规定，例如在唐代的 27 种律令中，专有《衣服令》、《营缮令》、《丧葬令》等。在各朝代，针对建筑和建筑的装饰部分的规定尤其详细，涉及建筑的主要内容有：建筑物高度、开间数目、举架数目等，一些可以用数字来制定标准的量化规定。对建筑装饰的规定包括色彩、纹样、材料的使用，详见表 6-1-1。

表 6-1-1 制度附表

项目	屋面	门窗	建筑色彩	雕刻	彩画	藻井	室内	器物
亲王府	宫殿、门庑、城门楼，皆覆青色琉璃瓦	丹漆，金涂铜钉	唯亲王宫得饰硃红、大青绿，其他居室止饰丹碧		正门、前后殿、四门城楼，饰以青绿点金，廊房饰以青黛	宫殿窠栱攒顶，中画蟠螭，饰以金，边画八吉祥花	前后殿座，用红漆金蟠螭，帐用红销金蟠螭。座后壁则画蟠螭、彩云，后改为龙	
公主府第		大门，绿油，铜环		石础、墙砖，镌凿玲珑花样	梁、栋、斗栱、檐桷彩色绘饰，唯不用金			
百官第宅			品官房舍，门窗、户牖不得用丹漆。	官民房屋不许雕刻古帝后、圣贤人物及日月、龙凤、狻猊、麒麟、犀象之形	三十五年，六品至九品厅堂梁栋只用粉青饰之。	禁止绘藻井		床面、屏风、槅子，杂色漆饰，不许雕刻龙文，并金饰硃漆
公侯	黑板瓦，屋脊用花样瓦兽	金漆及兽面锡环	门窗、枋柱金漆饰		梁、栋、斗栱、檐桷彩绘饰			酒注金、酒盏金，馀用银
一品、二品	屋脊用瓦兽	绿油，兽面锡环			梁、栋、斗栱、檐桷青碧绘饰			酒注金、酒盏金，馀用银
三品至五品	屋脊用瓦兽	黑油，锡环			梁、栋、檐桷青碧绘饰			酒注银，酒盏金
六品至九品		黑门，铁环			梁、栋饰以土黄			酒注银、酒盏银，馀皆磁、漆
庶民			不许用斗拱，饰彩色					酒注锡，酒盏银，馀用磁、漆。商贾、技艺家器皿不许用银。馀与庶民同

与建筑制度相比，在建筑装饰上如果贯彻这种详细繁杂的等级制度是一件十分困难的事情。前面的章节中我们曾经分析了装饰所涉及内容的多样性，以及装饰承载的诸多象征意义所带来的复杂性，这一切都为对装饰进行规定和限制造成了各种困难。一方面，需要使用制度划分出明确的等级形象；另一方面，又不能由于法规的严格而使建筑装饰陷入完全的制式化，而约束建筑应有的丰富面貌。

1.2 制度和多样性

从历代统治者所颁布的法令中可以看出，对于建筑装饰的规定虽然繁琐，但是有明显的规律和重点。对于建筑装饰的控制有几个主要方面：重点部位的控制、色彩的控制，以及纹样的控制。而对于除此以外的部分则是一种松弛的控制态度，以此赋予建筑装饰应有的丰富性。以彩画为例，官方对于建筑彩画有详细的样式图谱。这些严格的图样其实存在多样的组合可能。例如《营造法式》中首先对彩画的种类有明确的划分，并且对每个类型的色彩和样式也有规定，但是在这些规定之下仍有诸多变通和选择。

例如《营造法式》对五彩遍装（五彩装饰）的描述为，“在梁、柱、额、拱、斗、椽、连檐、檐下屋板面、平棋等处都画五彩图案和纹样，故称‘遍装’。图案、纹样的绘制均采用‘间装’手法；叠晕层次丰富，多达四叠；所绘图像内容最为广泛，飞仙、人物、花卉、琐纹、飞禽、走兽、云纹均可绘制。”可供五彩遍装选用的纹样有飞仙、人物、花卉、琐纹、飞禽、走兽、云纹等共计 17 个种类。多样的色彩加之多样的绘制内容，使这一个彩画类型可以千变万化。

图 6-1-1 南薰殿

图 6-1-2 乾清宫

图 6-1-3 文渊阁

紫禁城中的天花装饰是中国建筑装饰在制度之下变化的一个典型案例（图 6-1-1~ 图 6-1-3）。从构图、彩绘手法、图案这三个部分分析清代官式建筑中的天花装饰。清代天花彩绘中，构图由轱辘、燕尾、枝条、岔角、圆光几个具体构件组成；彩绘手法分为片金、金琢墨、浑金、烟琢墨等；图案选择则较为多样。从表 6-1-2 中可以看出，紫禁城中各宫、殿、亭、阁会依据等级、功能针对以上三个内容进行选择和组合。但是这种变化并非一贯如此，等级越高的装饰变化的可能越多，依等级的降低，可变的程度逐渐降低，而最低等级则几乎无变化的余地。在《营造法式》中与最高等级五彩遍装相对的彩画类型是丹粉刷饰（丹粉刷饰屋舍），即以白色为构件边缘，面上通刷土朱，如用在斗拱上，则在昂拱的下面及耍头的正面，刷黄丹色，以求色彩的变化。既无纹样的选择，色彩又极其简单，故很难变通。这也是装饰制度的另一个重要特点。

表 6-1-2 各宫、殿、亭、阁的天花装饰组合

项目	轱辘	燕尾	枝条	岔角	圆光
太和门	金琢墨	金琢墨	绿	金琢墨云纹	正面龙
太和殿	片金	片金	绿	金琢墨云纹	正面龙
南薰殿（图 6-1-1）	金琢墨	金琢墨	锦纹	金琢墨云纹	升降龙
乾清宫（图 6-1-2）	金琢墨	金琢墨	绿	金琢墨云纹	正面龙
承乾宫	金琢墨	金琢墨	绿	宝珠吉祥草	金琢墨鸾凤
景仁宫	烟琢墨	烟琢墨	绿	烟琢墨把子草	金琢墨升降龙
景福宫（抱厦）	烟琢墨	烟琢墨	绿	烟琢墨把子草	团鹤
景阳宫	金琢墨夔龙	金琢墨夔龙	绿		双鹤
文渊阁（前廊）（图 6-1-3）	金琢墨	烟琢墨把子草	绿	金琢墨莲花	金莲水草
文渊阁（碑亭）	金琢墨	烟琢墨把子草	绿	烟琢墨把子草	玉做双夔龙寿字
寿康宫	金琢墨	夔龙	绿	金琢墨云纹	龙凤
雨花阁	金琢墨金刚宝杵	金琢墨金刚宝杵	绿	金琢墨云纹	六字真言
临溪亭	金琢墨	金琢墨	绿	金琢墨把子草	玉兰海棠牡丹

由此可见，中国建筑中对于装饰之规定处处体现等级制度，制式高则造型丰富、纹样多变、色彩高贵，而且变化亦多样；制式低则造型简单、纹样固定（甚至无任何纹样）、色彩朴实，且无变化余地，至此等级的建立和装饰的丰富性都得以保证。中国的建筑装饰一直在这种制度之下发展和变化，形成了一套完整的建筑装饰体系。

1.3 阶层与意识形态

对于中国建筑装饰产生影响的另外一个因素是传统文化和道德观念。第 1 章中曾经谈到装饰意识形态的一种表现。装饰内容的表现有十分明显的阶级性，这种阶级性的形成不仅仅是官方制度造成的，更为重要的原因是植根于中国社会的儒家思想，以及由其确定的道德标准。对于统治阶级来说，维持皇权的地位、明确等级制度是第一位的。因此装饰中所要体现的正是这种观念，是等级观念为主导的装饰。但是中国社会民间的装饰内容可以形容为是中国人思想和意识的缩写。

中国社会可以分为几个不同的阶层，尽管中国社会不同于印度，没有森严的等级制度，但是却有明显的阶层区别。各个时期都会出现一些成为社会中主导文化的主要力量的特殊阶层，这些阶层对中国文化的形成有着巨大的影响。这种影响也表现在建筑中的装饰艺术形式上。而另外的一些阶层虽然不是文化的主导力量，但是却是装饰风格得以流行和传播的基础。本节讨论的是整个中国社会中普遍的、主要的意识形态在装饰上的表现。因此针对这个问题的讨论，仅将中国社会典型的阶层进行概括性的分类，并在此基础之上展开讨论。

1.3.1 文人阶层（士大夫）

在中国社会中，文人是一个很特殊的阶层，甚至可以说在几千年的中国历史中，文人一直是主导社会审美取向的主要力量，至少使种种审美思想得以流传至今。多数中国文人对于建筑和建筑的装饰往往有十分独特、有趣的想法。他们对于建筑、园林和装饰

的态度与对美食的态度十分相似，追求的是一种生活的情趣，他们很少从技术和工艺的角度去谈论这些问题（即便谈到，也只是辅助其观点），而是站在一个体会、欣赏生活的角度，提出种种浪漫的对于生活的理解和设想。例如李渔的《闲情偶寄》中有一段对于厅壁的描写：

“……因余性嗜禽鸟，而又最恶樊笼，二者难全，中年搜索枯肠，一悟遂成良法。乃于厅堂四壁，倩四名手，尽写着色花树，而绕以云烟，即以所爱禽鸟，蓄于虬枝老干之上。画止空迹，鸟有实形，如何可蓄？……先于所画松枝之上，穴一小小壁孔，后以架鹦鹉者插入其中，务使极固，庶往来跳跃，不致动摇。松为着色之松，鸟亦有色之鸟，互相映发，有如一笔写成。良朋至止，仰观壁画，忽见枝头鸟动，叶底翎张，无不色变神飞，诧为仙笔；乃惊疑未定，又复载飞载鸣，似欲翱翔而下矣。”（《闲情偶寄》，［明］李渔，作家出版社，1995，199 ~ 200）

从以上文字可见古代文人的空间情趣，此种“室内设计”即便在当今也属于令人耳目一新的构想了。由于中国社会对于“读书人”的尊敬，文人的这种生活情怀和审美思想对于社会其他阶层的影响是不可忽视的。虽然不能真正地理解和做到文人阶层所提出和倡导的生活方式，但文人们所创造的艺术形式却被各个阶层接受和喜爱，甚至也为皇家所推崇。最为典型的是清代建筑，园林中大量出现的江南文人情趣的建筑园林和装饰形式。

1.3.2 商贾阶层

商贾阶层在中国的早期社会并不能称之为主流阶层，甚至在各个方面受到诸多的限制，但是随着社会经济活动的频繁，手中拥有大量资本的商人成为了除皇家、官方之外，最有实力和资本的阶层。宅第的建筑由于受到严格的制度限制，装饰成为了商贾阶层主要展示资本的载体。诸多不受官方制度限制的装饰手段，如砖雕、木雕也是由于这一阶层的需求而发展成为了华丽奢侈的装饰形式。

但是商贾阶层的建筑，无论是住宅还是商会建筑，其装饰的内容、形式所表现出来的气质与文人所追求的情趣却是大相径庭。与文人不同，装饰的主要意义对于商贾阶层来说，不是表达对生活的体会，更重要的是对财富，以及由财富所带来的身份和地位的展示，而这种展示对于处在一个歧视经商的社会中的商人尤其重要。也正是由于这种与生俱来的尴尬地位，商贾阶层在建筑中所使用的装饰内容、装饰手法最为多样，一方面有迎合官家所造成的官式装饰的痕迹；另一方面有对文人的倾慕带来各种模仿；再有就是阶级自身所固有的、朴实的中国道德观念的体现和各种吉祥富贵的渴望，而商贾阶层充裕的财力又使得这一阶层的装饰做工精巧，材料考究，在建筑装饰上也可称为另辟蹊径。

1.3.3 平民阶层

中国的平民阶层可以说是一个向往美好的阶层，在中国民间的建筑装饰中所能看到的几乎是各种美好的事物，以及由这些事物所产生的美好愿望，这种现象尤其体现在装饰纹样和图形的使用上。在民间此种文化贯穿得最为彻底，没有多余的思前想后，仅仅是用图形来完成一个简单、固有的需求。

在民间建筑当中，建筑装饰是不需要太多创造力的，人们往往关注的是图形所表达出来的含义，而非图像本身（图 6–1–4）。寓意的吉祥、工艺的精致，已经构成一个完美的装饰。在中国民间建筑装饰中，使用的几乎都是习惯性装饰——被普遍认可的、约定俗成的装饰形式。

图 6-1-4 民居建筑中的木雕装饰，内容为"福、寿"的吉祥含义

1.4 外来因素的影响

中国历史经历的几次外来文化的流入，对装饰艺术的影响不容忽视。首先是佛教的影响，南北朝时期佛教兴盛，大量异域装饰进入中土，在北朝石窟中，忍冬纹、卷草、连珠、伽楼鸟都大量出现，原属于佛教的装饰母题在南北朝时应用广泛，这些佛教纹样之后成为通俗装饰纹样，宗教含义逐渐消退。之后有唐代与其他地区经济、文化的大规模交流、蒙古族入侵，直至清朝建立后异族文化的影响。外来文化在装饰艺术上的表现尽管十分重要，但是留给我们可以做研究的对象并不很多，现存的主要实例有以敦煌为代表的石窟建筑装饰。从石窟中的壁画可以看出，早在南北朝时期就出现了在传统纹样中添加外来纹样的例子，例如北魏时期的铺首中出现了忍冬纹；在传统四神云气纹中加入莲花、宝珠和忍冬纹等。

如果将现存的明代彩画与清代彩画进行比较，可以看出外族文化和审美观念的介入对装饰艺术的影响。无论是色彩的运用还是图案的构成，彩绘装饰变化十分明显。

第 2 节 古代手工业的组织

中国古代之所以可以形成制式统一的建筑装饰形式，并将这种传统保持了上千年，其中一个主要的原因是中国传统的手工业制度。古代中国，手工业的生产可以分为官府手工业、民间手工业两大类。建筑装饰的制造实际是由雕刻、绘画、金属加工、染织等各种工艺综合完成。中国古代社会对手工艺人和手工业生产模式控制十分严格，在这种严密的控制当中，中国古代的建筑装饰形成了一种制式化的生产形式。

官府所需都出自官办作坊，并且官办手工业一直占主导地位，又称"官工业"或"官手工业"。官府手工业在先秦时代就已经成熟，秦汉统一帝国建立后，逐渐形成一套庞大的官府手工业系统。其中与建筑营造和装饰物品生产有关的是将作监，专职管理营造宫室的官府工场。隋唐以后，官营工业有了更进一步的发展。

以唐代为例，我们可以看一下唐代建筑营造机构的组织框架。唐中央政府专管官府手工业的最高政务部门是尚书省工部，负责官府手工业的宏观管理，制定有关政令，下达具体的兴作营造计划。之后由少府监、将作监依计划实施。其中将作监，是唐中央政府的事务机关，其职责是："掌供邦国修建土木工匠之政令，总四署三监百工之官署，以供其职事。"将作监的下属机构有：左校、右校、中校、甄官四署，及百工、就谷、库谷、斜谷、太阴、伊阳等监，组成自上而下的事务系统。中国的官府手工业自汉代以来，虽然各个朝代在上下隶属关系、官职的名称上略有不同，但总体来说都是一种中央集权制的管理。

西方的手工业制度与中国有很大的差异。欧洲手工业的主要制度是行会制度，真正意义上的行会起源于 11 世纪。行会的宗旨是：维护技术标准、保护手工艺人免受技术变化的影响、保护手工艺人免受封建制度的压榨，因此行会是一种城市现象。但是，一旦这种行会在城市中站住了脚，它很快就形成了一种垄断的趋势，试图限制技术的革新，并使其成员为自己的工作索取尽可能多的报酬。13 世纪，行会制度在欧洲已经完全建立起来。法国沙特尔（Chartres）教堂中的多数彩色玻璃花窗就是城市中的行会捐赠的。作为感谢，这些行会的行为被表现在花窗上（图 6-2-1）。例如圣经中"挪亚的历史"中的主人公被描绘成木匠形象（传说中的挪亚是种葡萄的农夫）。

图 6-2-1 文艺复兴时期彩绘玻璃中金匠的形象
（图片来源：Art in Renaissance Italy, Evelyn Welch, Oxford University Press, 1997）

尽管欧洲的行会制度也存在各种严格的规定，但是与中国官手工业相比较，欧洲的手工艺人享有更多的自由和权利。并且行会建立之前，中世纪时期，大的修道院成为了十分重要的手工艺生产中心。在这些教会作坊中，受雇者不但受到雇主的监视，修道院作坊还雇佣专门的监工管理这些工匠。生产工具设备和原材料是由作坊提供的。但是，为了回报他们在修道院受到的庇护，手工艺人选择在修道院的保护下工作往往是自愿的。正是由于这种原因罗金斯才会对中世纪的手工业传统推崇备至，而将包括中国在内的中东和亚洲装饰称为"奴隶的工作"。

从中国的手工业管理方式来看，罗金斯的言论并不是全无道理。中国古代先秦时手工业的劳动力来源主要是手工业奴隶，汉至唐代中叶以前，则大量使用官奴婢、罪犯和征调而来的徭役劳动者。

唐代官府手工业的劳动力组成可分为两部分：一部分是因犯罪而成的官奴婢和刑徒、流徒；另一部分是征自民间的各类工匠和丁夫。其中，官奴婢、番户、杂户及刑徒、流徒人数较少，不是官府手工业的主要劳动力。主要劳动力是政府根据需要从各地征调的各类工匠和丁夫。元初，仅"造作局院"就有 70 多所，有系官匠人 42 万户，未入匠籍的只是少数"畸零人匠"。这种系官工匠不仅要子孙相继，而且婚配也不能自主。各种手工业者在所谓"诸色人匠总管府"的统属之下，从事生产制造活动。

清代官府手工业分属内务府、工部和户部经营。它大致包括织造、陶瓷、铸钱、军火、造船及宫内御用手工业。清代官府手工业经营较之前代的一个显著变化，是它较多地以市场交换为手段控制民营手工业，利用其为官府加工生产。至清代匠籍制度废除以后，在一定程度上实行计工给值，工匠处境有所改善。

在手工业的组织构架之下，中国古代制手工业的从业人员的最大的特点是与官府和制度的紧密关系。在这种制度之下，手工艺人在政府官吏的严格管理下按照有关规章具体劳作。对工匠的技术培训及役作的宏观管理也有着严格规定。唐代时期，如果工匠造作不遵章法，法律上有明确的治罪条例，具体负责造作的官吏也难辞其咎。以保证官府手工业制成品的质量。

我们来看一下文艺复兴时期手工艺人的工作状态。文艺复兴时期手工艺人在社会中的角色十分有趣，那个时期的最大特征是，艺术家和手工艺人的身份逐渐开始被区分出来。其中最有代表性的人物是切利尼，一个为成为独立艺术家而不懈奋斗的手工匠。切利尼作为一个手工匠对一些显赫的委托人所表现出的“傲慢”，在同一时期的中国工艺匠人是无法想象的。而这些权势对一个手工匠所表现出的宽容也同样令人吃惊。当红衣主教依波利托・德・埃斯特（Cardinal Ippolito d'Este）要求切利尼在切利尼本人和主教顾问的设计方案之间作出选择的时候，切利尼是这样回复主教的：

“想象吧，我的主人……如果阁下询问一个贫穷卑下的牧人，他最钟爱的是国王的儿子还是他自己的二子，他无疑会告诉你：他所钟爱的是他自己的孩子。我也是如此地钟爱我自己的艺术之子。阁下，我最高贵的庇护人，我最初呈于阁下的乃是我自己的作品，我自己的想象；许多东西说起来漂亮，但如果做出来，效果会十分糟糕。”（《世界工艺美术史》，中国美术学院出版社，2008）

而当切利尼在为法兰西斯一世工作期间拒绝了为其完成一系列作品的时候，法兰西斯一世也只是用措辞严厉的书信叱责了切利尼。切利尼受到的最严厉的处罚来自教皇克雷芒七世 [Clement VII]，因为切利尼拒绝为其制作圣杯，克雷芒七世一怒之下将他投入监狱。尽管切利尼属于地位较高的手工艺人，但是这个例子可以说明，当时的手工艺人享有相当程度的工作自由，这与中国古代官工业的手工艺匠人的状态有很大区别。

中国古代的等级制度、手工业制度直接导致了手工艺产品的统一化和制式化，建筑装饰是这个庞大体之中的一个产品。在这种体制中，中国的建筑装饰形式出现了两种截然不同的表现形式，一种是由官府垄断生产的，系统的、整体的、带有强烈等级特征的装饰体系；另一种则是来自民间的充满了想象力的装饰形态。因此，对于中国建筑装饰的研究实际上是两个体系的内容，多年以来学者们将主要的研究对象集中在官式建筑的装饰上，但是近年来民间建筑和乡土建筑中的装饰越来越受到学者的重视，清华大学建筑系的陈志华、楼庆西教授都在这方面作了大量工作（图6-2-2、图6-2-3）。本教材针对中国建筑装饰的介绍和分析，包括了这两大体系中的主要内容，但是由于民间建筑装饰形式千变万化，故无法一一进行详细介绍。

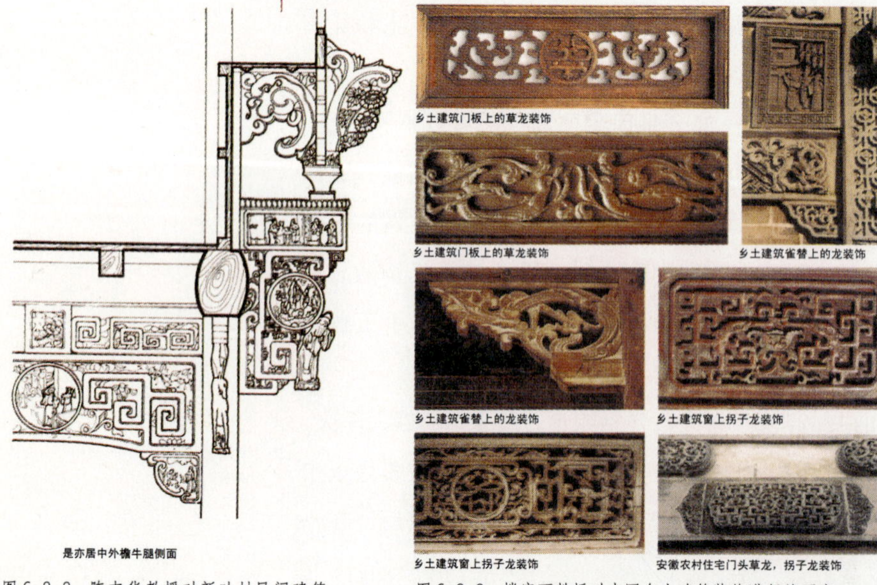

图 6-2-2　陈志华教授对新叶村民间建筑和装饰进行的研究

图 6-2-3　楼庆西教授对中国乡土建筑装饰进行的研究

第 7 章　装饰与建筑

第 1 节　建筑装饰的分类

依据工艺类型，中国古代建筑分为：大木、小木、砖、瓦、石、油、雕等诸作。大木作是木结构主要构件，主要包括柱、梁、斗拱、雀替、牛腿等；小木作是中国古代建筑中非承重木构件的制作和安装专业；砖瓦作包括屋顶、墙面、地面、台座等砖瓦构件；石作是对台基、栏杆、踏步和建筑小品等石构件的工艺；油饰彩画作是对木结构表面进行艺术加工的一种重要手段，有时个别砖石建筑表面也作油漆彩画。

在宋《营造法式》中，归入小木作制作的构件有门、窗、隔断、栏杆、外檐装饰及防护构件、地板、天花（顶棚）、楼梯、龛橱、篱墙、井亭等 42 种。清工部《工程做法》称小木作为装修作，并把面向室外的称为外檐装修，室内的称为内檐装修。外檐装修是房屋与室外分割的构件，起着围护、通风、采光等功能，同时也是形成建筑风格的重要部位（图 7-1-1）；内檐装修有纱隔、花罩及屏等部分。

图 7-1-1　淑芳斋廊子

（图片来源：《紫禁城宫殿》，生活·读书·新知 三联书店，2006）

以上诸多工艺类型中，与建筑装饰关系密切的有小木作、雕作和油饰彩画作。因此在传统建筑工艺分类的基础上，本书对中国传统建筑装饰的分类方式为，依据建筑的部位分为外檐装饰、内檐装饰、屋脊装饰、地面装饰四个装饰部位；依据装饰的制作工艺和技术分为雕刻工艺和彩绘工艺两大种。由于中国园林建筑中具有一些独特的装饰方法，因此在这个部分的最后加入了一些园林建筑的装饰手段。

第 2 节　外檐装修

外檐装修是针对建筑内部与外部之间隔建筑构件的装饰，包括门、隔扇、帘架、风门、槛窗、支摘窗、栏杆、楣子（挂落）等。由于这部分的建筑构件位于室外，受风吹日晒，雨水侵蚀，因此用料选择和制作工艺都以坚固为首要原则。

2.1 门

清代的门虽然形式多样，但概括起来为两大类——板门和隔扇门。中国传统建筑中，凡建筑功能相同或类似的装修，在构造方式、榫卯结合、制作安装工艺方面都十分相近。各类门窗都为槛框构造，即在柱枋间安设上槛（贴枋下皮安装之槛）、中槛（位于上、下槛之间的槛）、下槛（贴地面安装之槛），以及抱框、间柱，以确定门窗大小尺寸和固定门窗扇（图 7-2-1、图 7-2-2）。

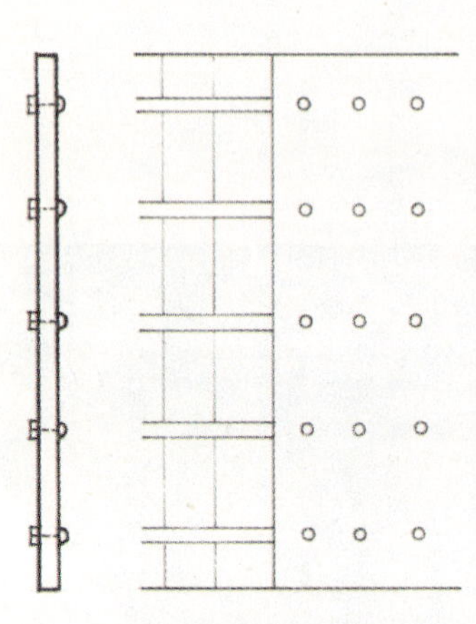

图 7-2-1 板门门扇构造

（图片来源：《乡土建筑装饰艺术》，中国建筑工业出版社，2006）

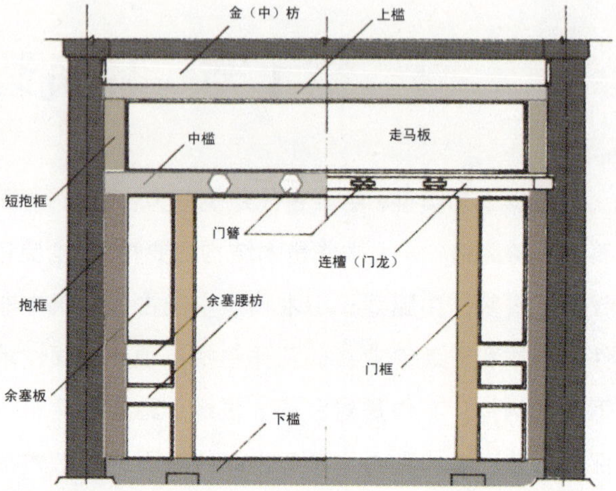

图 7-2-2 大门槛框构造名称

图 7-2-3 故宫宫门

（图片来源：《紫禁城宫殿》，生活·读书·新知 三联书店，2006）

2.1.1 板门

板门主要用于宫殿、庙宇、府第的大门，以及民居的外门，为木板制造。大门是给人第一印象的重要部位，是社会地位和经济实力最主要的物化象征。因此门的色彩装饰和造型装饰都有严格的规定。

2.1.1.1 板门的色彩装饰

封建时代，宫殿朱门。朱门是等级的标志。汉代卫宏《汉旧仪》记载：丞相“听事阁曰黄阁，不敢洞开朱门，以别于人主，故以黄涂之，谓之黄阁”。朱漆大门，是至尊至贵的标志，被纳入“九锡”之列。明代初年，朱元璋颁布官民第宅之制，对于大门的漆色有明确的规定。《明会典》载：洪武二十六年规定，公侯“门屋三间五架，门用金漆及兽面，摆锡环”；一品二品官员，“门屋三间五架，门用绿油及兽面，摆锡环”；三品至五品，“正门三间三架，门用黑油，摆锡环”；六品至九品，“正门一间三架，黑门铁环”。清代门的色彩与明代制度相似（图 7-2-3）。

2.1.1.2 门的造型装饰

（1）门簪。门簪是将连楹固定在上槛的构件，少则两枚，通常四枚，或多至数枚。门簪有方形、长方形、菱形、六角形、八角形等样式，正面或雕刻，或描绘，饰以花纹图案。门簪的图案以四季花卉为多见，四枚分别雕以春兰夏荷秋菊冬梅，图案间还常见“吉祥如意”、“福禄寿德”、“天下太平”等字样。只两枚门簪时，则雕刻“吉祥”等字样。

（2）门钉。故宫的宫门中除了铺首，另一个重要的造型装饰就是门钉。门钉最初是出自木板门的工艺需要，后发展为门面上的装饰。清代时对门钉数量有严格规定，最多为皇宫城门上的门钉，每扇门 9 排，一排 9 个，共 81 个，其余建筑中门钉依据等级逐渐减少。

（3）门环和铺首。门扇上的带有功能性的装饰构件是门环和铺首——含有驱邪意义的传统门饰。铺首多为铜质，也有铁制者。在《汉代图案选》图集中，载有朱雀、双凤、虎、狮、螭等兽头状铺首，秦咸阳宫遗址出土过虎头变形青铜铺首。图 7-2-4 中上方为故宫大门中所装饰的铺首，呈长圆形，兽首下面，分上下两层。上层形若衔环，饰以飞龙戏珠图案，是一种造型装饰，而没有实际的功能。普通住宅建筑的大门上通常装饰带有功能性的门环或门罄。图 7-2-4 中下方是丁村住宅的三种门环形式，其中如意、蝙蝠造型都是民间常用的装饰图案，具有构造功能的铆钉在这个装饰中被突出处理，成为了装饰的一部分。

图 7-2-4　宫殿中和民居中的门环装饰

2.1.2　隔扇门

隔扇始见于唐末五代，苏州一带称长窗，是用于建筑外檐，分隔室内外的一种建筑构件。隔扇门通长落地，装于上槛与下槛之间（较高大的房屋加设横风窗时，则装于中槛之下）（图 7-2-5）。隔扇门有透光性和易拆卸的优点，使其成为全国通用的门型。隔扇门中隔扇心极富变化，北方图案较为朴素，宫殿建筑中多用三交六碗、三交四碗等图案（图 7-2-6）；民间住宅建筑的隔扇门中图案则灵活多变，花纹有直棂、平棂、方格、井口、书条、十字、冰纹、锦纹、回纹、万川、六角、八角、灯景等几何纹样，以及动物、植物、文字等自然和其他图案，不胜枚举（图 7-2-7）。隔扇门的裙板与绦环板（夹堂板）大部分做雕饰，有的做浅浮雕，有的做镂空透雕，内容题材多种多样，繁简不一。

图 7-2-5 交泰殿隔扇门

图 7-2-6 三交六碗隔扇心细部

（图片来源：《紫禁城官殿》，生活·读书·新知 三联书店，2006）

图 7-2-7 山西民居隔扇门

（图片来源：《乡土建筑装饰艺术》，中国建筑工业出版社，2006）

在宫殿建筑中的隔扇门中还有一些功能性的金属饰件，包括单拐角叶、双人字叶、双拐角叶、看叶等（图 7-2-8）。这些金属构件上布满装饰纹样，通常根据建筑的等级和隔扇门的颜色决定金属颜色的选择。

2.1.3 屏门

屏是用四扇、六扇、八扇大小相同的板扇组成平整光滑的板壁（图 7-2-9）。北京地区多用于四合院内垂花门处，南方多用于园林和住宅的厅堂里，装在后金柱当心间部位，以遮挡后檐的出入口或楼梯。屏门多为绿色油饰，红底金字斗方。南方有的屏门是由纱隔组合而成。

图 7-2-8 隔扇门梭叶

图 7-2-9 如意头裙板

（图片来源：《紫禁城官殿》，生活·读书·新知 三联书店，2006）

2.2 窗

2.2.1 槛窗

槛窗是立于砖槛墙上的窗，构造如隔扇门（图 7-2-10）。窗的比例和棂格芯通常与隔扇门统一考虑，形成完整的构图。南方应用普遍，但是用木板壁代替砖槛墙。园林中槛墙较矮，在半墙上设坐槛，可以坐人。

图 7-2-10　灯笼框槛窗和直棂推窗

2.2.2　支摘窗

支摘窗是华北、西北一带常见的民居窗型。窗体分为上下两个部分，上段可以支起，内附沙扇或卷纸扇，用于通风换气；下段可将外部油纸扇摘下，故称支摘窗。内部另有棂格扇或玻璃，可用于采光。棂窗图案多为步步锦、灯笼框、龟背锦等。江南地区称支摘窗为和合窗，窗下设栏杆，后钉裙板。窗扉呈扁方形，其中图案随长窗而定。也有窗下用砖墙代替栏杆的做法。

根据上面的介绍，中国传统建筑中门、窗的装饰形式可以概括为两大类：一类是针对表面的装饰，主要以色彩装饰和造型装饰构件为主，例如板门中的门钉、铺首；隔扇门中的金属构件等。另一类是以图案为主的装饰，主要体现在隔扇门和窗中的隔心部位。第一类的装饰手段是以色彩对比和造型的凹凸变化，在视觉上创造表面的主次关系，强调被装饰部位的重点；而第二种装饰手法并不是为了强调任何重点，而是利用光线与建筑构件之间的关系，形成表面的明暗变化。虽然在隔扇门和窗中使用各种图案是出于采光的功能需要，但是之所以这个部位会产生如此丰富的装饰变化，则是由于各种疏密不同的图案透过光影带给人的多样的感官体验。在建筑中，隔扇门和窗中的图案装饰起着极为重要的作用，是人与室外景观交流的媒介。中国传统建筑门窗的通透形式，以及其中图案的使用，在人与建筑之间形成了一个新的界面，不但带给人直接的视觉享受，还为室内空间创造了更为丰富的光影形态。

2.3　栏杆和挂落（楣子）

2.3.1　栏杆

栏杆是中国古代建筑中最常用的构件之一，主要功能是围护作用。在汉代的画像石、画像砖及汉明器上可以看到早期栏杆的形象。隋唐时期，重要建筑的台基上已使用石制栏杆。大唐明宫遗址出土的石望柱，以及隋代至今的安济桥上的石栏杆的实物资料都可以说明栏杆的使用情况。宋辽金时期，栏杆的花纹发展成各种几何纹样的栏板，在宋《营造法式》上载有图样和做法。明清时期的石栏杆已形成一套定型比例和加工技术，在宫殿、寺庙、桥梁等建筑上广泛使用。与此同时，各种木制花栏杆在居民、园林建筑中也很盛行，在计

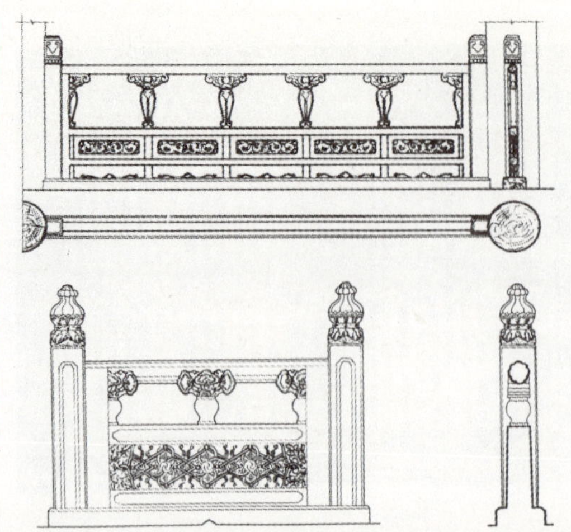

图 7-2-11 木栏杆和石栏杆的构造形态

成的《园冶》卷二中载有 100 余种花栏杆的图样，并为许多建筑所采用。从江南园林中保留的明清实物可以看出当时的技艺水平和艺术成就。

栏杆的种类很多，按照材料不同可分为木栏杆、石栏杆、砖栏杆、铁栏杆等数种（图 7-2-11），其中以木栏杆、石栏杆使用最多；按照形式可分为寻杖栏杆、花栏杆、栏板式栏杆等。

石栏杆中最主要的形式是寻杖栏杆，多用于宫殿、庙宇等建筑中。寻杖栏杆的主要构件有望柱、寻杖扶手、腰枋、下枋、地栿、绦环板、牙子，以及荷叶净瓶等（图 7-2-12、图 7-2-13）；栏板式栏杆，在栏板上采用浮雕方式雕成云龙、卷草、出字、山水、花鸟等图案（图 7-2-14）；花栏杆的构造比较简单，主要由望柱、横枋及花格棂条构成。这种栏杆常用于住宅及园林建筑中。花栏杆的棂条花格十分丰富，最简单的用竖木条做棂条，称为直档栏杆，其余常见者则有盘长、井口字、亚字、龟背锦、卍不断、葵式乱纹等纹样。

图 7-2-12 石制寻杖栏杆

图 7-2-13 穿花龙纹抱鼓石

（图片来源：《紫禁城宫殿》，生活·读书·新知·三联书店，2006）

图 7-2-14 新叶村崇仁堂戏台栏板式栏杆

（图片来源：《新叶村》，中国建筑工业出版社，2004）

2.3.2 挂落

挂落（楣子）是安装于建筑檐柱间（如民居中正房、厢房、花厅的外廊或抄手游廊）的兼有装饰和实用功能的装修。通常与下面的座凳栏杆（楣子）上下呼应，成为上下透露的统一装饰（图 7-2-15）。挂落构图讲究对称，一般为两端，或中间和两端向下突出，根据开间的大小进行组合成对称图案。

图 7-2-15 故宫曲尺廊中的挂落和座凳栏杆
（图片来源:《紫禁城宫殿》生活·读书·新知 三联书店，2006）

中国传统建筑当中，栏杆和挂落是两个装饰作用很强的功能构件。它们的造型、通透的特征和多变的内部图案极大地调整了建筑最终的视觉效果。我们曾在第一部分的第 3 章中介绍了这两个构件本身对建筑内部轮廓的影响，这里不再重复。需要强调的是，中国传统建筑中，这种通透构件上下呼应的使用方式十分独特，不仅仅是在视觉上为建筑增加了一个层次，并且还创造了一个介乎室内与室外之间的“灰色空间”。

第 3 节　内檐装修

内檐装修主要指位于室内，划分建筑内部之隔物，包括隔断、花罩、博古架、壁板、天花、藻井等。内檐装修在古典木构架房屋中不起承重作用，作为室内空间分隔的构件和设施都不与房屋的结构发生力学关系，所以在材料的选择和形式的设计上都有很大的自由度。由于这一部分建筑构件位于室内，不受风雨气候影响，因此样式极多、用料奢侈、工艺精湛，形成了自立一体的装饰艺术形式，并且影响到建筑室内的空间形态。

3.1 隔断

房屋内部组织和分隔空间的物件和建筑构件古代称为隔断。秦汉时期，帷帐、屏风是划分室内空间的主要设施，从汉墓壁画可以看到挂于室内的帷帐、竹帘。到隋、唐、五代，屏风、帷帐、帘幕仍然是用于分隔空间的作用，可以随意布置，变化灵活，装饰性很强。宋代用于室内的隔断出现了极大变化，装有各种棂条花纹的格子门、落地长窗成为主要的室内隔断。屏风逐渐转变为陈设于室内的家具类型。罩的出现较晚，宋代还没有记载，至清代，罩用作室内隔断已较为普遍，形式丰富多彩。隔断的主要形式有碧纱橱、罩和太师壁等。

图 7-3-1　雕竹纹涤环板裙板隔扇
（图片来源：《故宫建筑内檐装修》，紫禁城出版社，2007）

3.1.1 碧纱橱

碧纱橱，南方称为纱隔，形状、做法与隔扇门相同。满间安装六扇、八扇、十二扇不等（图 7-3-1、图 7-3-2），除中间两扇开启之外，其余为固定扇。碧纱橱的材料一般为硬木，如紫檀、红木、铁梨、黄花梨，民居中也有以楠木、松木为材料。这类隔断常做成双层，两面都可观看。中间糊纱、绢等，上绘制山水、花草（图 7-3-3）。南方建筑中有时隔扇心部分不做花纹，用木板镶于边挺和抹头组成的框内，木板上刻花草、鸟兽、山水或诗文，涂以石绿色或白色。宫殿建筑中碧纱橱做工极其精致，用料丰富考究，往往镶嵌玉石、螺钿等各种其他材料。

图 7-3-2　翠竹寿石裙板隔扇正立面图

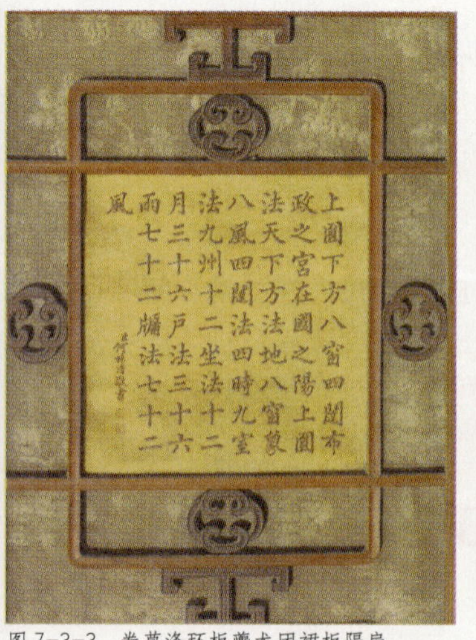

图 7-3-3　卷草涤环板夔龙团裙板隔扇
（图片来源：故宫建筑内檐装修，紫禁城出版社，2007）

3.1.2 罩

罩是一种示意性分隔室内空间的构件，室内空间由于罩的安置被划分成连通的不同区域，以满足不同的使用功能。罩是中国传统建筑中最具有现代空间概念的建筑装饰构件。中国古建木装修中的罩种类多样，有几腿罩、落地罩、落地花罩、栏杆罩、炕罩等，其中落地罩又有不同的形式，常见者有圆光罩（图 7-3-4）、八角罩以及一般形式的落地罩、各种花罩。除炕罩外，均安装于居室进深方向柱间。罩的做工讲究，集中了各种工艺技术，具有很强的装饰功能。

图 7-3-4 楠木透雕缠枝牡丹圆光罩

（1）落地罩——开间左右立一道隔扇，上有横披窗，转角处设花牙子，中间通透（图 7-3-5）。

（2）几腿罩——开间左右立短柱，支撑上部木制雕刻花板（图 7-3-6）。

（3）栏杆罩——开间两侧设柱，柱间为一段栏杆造型。

（4）花罩——本质是落地几腿罩，内轮廓呈对称式不规则形状。整樘雕刻花板通常有明确的装饰母题，诸如“岁寒三友（松、竹、梅）”、“喜鹊登梅”、“松鼠葡萄”，以及缠枝纹、芭蕉纹等。雕刻工艺采用透雕技法，两面成形，是奢侈昂贵的装饰品。洞门式花罩，内部轮廓呈圆形（圆光罩）、八角（八方罩）、长八角、方形等，在四周布置各种纹样。

图 7-3-5 夔龙花牙子落地罩

图 7-3-6 透雕蝙蝠仙桃万字花牙子几腿罩

（图片来源：《故宫建筑内檐装修》，紫禁城出版社，2007）

3.1.3 太师壁

多用于南方住宅，在苏州的一些园林建筑中使用。位于堂屋后壁中央，两侧靠墙处各开一小门。壁前设条案和八仙桌椅，为南方厅堂的典型布局。

第 4 节 天花和藻井

4.1 天花

天花是室内顶部装修，有保暖、防尘、限制室内高度以及装饰室内空间等作用。天花在古代称承尘、仰尘，唐宋时期有平棋、平暗等做法区别。清代的天花做法规范为几种，其中最主要的是井口天花、海墁天花。

4.1.1 井口天花

井口天花的制作方法是在天花梁下悬吊井口枝条，于井口方格内托背板（每格一板，规格相同），与宋代平棊天花所用大背板的做法不同。井口天花的装饰以彩绘为主，有一套严谨的绘制制度，上一章中有所介绍。宫殿建筑中井口天花也有不采用彩绘，而以楠木等名贵木材雕刻为装饰的方法（图 7-4-1、图 7-4-2）。

图 7-4-1 宝珠吉祥草天花

图 7-4-2 楠木雕刻蝙蝠仙桃天花

（图片来源:《故宫建筑内檐装修》，紫禁城出版社，2007）

4.1.2 海墁天花

海墁天花的做法是用木格钉成方格网架，悬于顶上，架上钉板、糊纸，或按井口天花规制绘制彩画裱糊在网架之上（图 7-4-3、图 7-4-4）。

图 7-4-3 彩绘藤萝海墁天花

图 7-4-4 万字锦地瓦当纹银花纸裱糊天花

（图片来源:《故宫建筑内檐装修》，紫禁城出版社，2007）

4.1.3 其他天花形式

其他天花的形式还有木顶格，木顶格用于一般住宅建筑，作法是在木条网架上糊纸（图 7-4-4）。江南一带建筑中的天花作法是，用复水重檐做出两层屋顶，椽间铺以望砖。

4.2 藻井

藻井是室内天花的重点装饰部位，多见于宫殿、坛庙、寺庙建筑，安装于帝王宝座或佛堂佛像顶部天花中央。藻井是一种历史悠久的装饰手法，南北朝之前的藻井构造多为方井或抹角重叠方井；六朝隋唐时为用斜梁支撑的斗四、斗八井；辽宋时期大量使用斗拱装饰藻井；元明时期藻井造型细致复杂，除了增加斜拱等异形斗拱之外，还在井口周围添置小楼阁、仙人，藻井造型也出现菱形井、星状井等。

清代藻井雕饰工艺明显增多，龙凤、云纹遍布井内。中央明镜部位多以复杂的蟠龙造型为结束（图7-4-5），有时口衔宝珠。清代藻井用金明显增多（图7-4-6），不仅宫殿建筑中的藻井遍贴金箔，一般会馆、祠堂也大量贴金。盛行于宋明时代的小楼阁等装饰逐渐不再使用。

图7-4-5 南薰殿云龙角蝉锦纹抹角枋云纹随瓣枋八方角浑金蟠龙藻井

图7-4-6 太和殿龙凤角蝉云龙随枋套八方角浑金蟠龙藻井
（图片来源：《故宫建筑内檐装修》，紫禁城出版社，2007）

从上面的诸多案例可以看出，中国建筑中的内檐装修不但集中了各种工艺技术，同时也是各种名贵材料的展示。遗憾的是目前可以供我们研究的只有少数明代后期的实例，其余大多数为清代案例。尽管如此我们还是可以看出中国室内装饰的一些特征。

首先中国的内檐装饰是与建筑主体相脱离的一个部分，具有明显的独立性，这一特征与西方建筑有根本的区别。在西方建筑中对于室内的装饰很大程度上是对墙面的装饰，但是中国传统建筑的情况却恰恰相反，是独立于墙体的隔断装饰。这样就造成了一个明显的现象——室内的装饰构件脱离建筑的主体。建筑的主体墙面并不是装饰的主要对象。这一点尤其体现在隔断——这个划分室内空间的主要构件上。隔断对于建筑来说更像是一件家具，而不是建筑的一部分。造成这种状况的原因一方面是由于中国建筑的框架结构，另一方面是由于宋代之前建筑中划分空间的“软装饰”遗留下来的一种文化习惯。隔断实际上是屏风和帷幕的一种转化形式，因此一直保留了那种独立于建筑主体以外的状态。也正是这个原因，在中国建筑中建筑的建造和装修从最开始就相分离。

上述特点使中国的建筑装饰形成了第二个特点——装饰的可移动性。在西方建筑中，装饰仿佛生长在建筑之上，壁画、马赛克、大理石贴面，装饰在完成之后就牢固地与建筑结合到一起。而中国建筑的装饰却与之相反，任何一个装饰部件都可以随时拆卸下来进行更换。装饰的这种特性使对其进行维修和更换都十分容易，具有很大的优越性。

内檐装修和外檐装修是中国传统建筑中装饰艺术的主体内容和精华所在。不仅仅是由于它丰富的纹样、材料和工艺，更主要的是它体现出古代中国人对于建筑和装饰艺术的一种认识。在中国古代建筑中，装饰作为建筑的一部分，相对独立地与建筑主体合二为一。在建筑中除了内、外檐装修之外，中国建筑的屋顶装饰也是不可忽视的一个重要部分。

第5节 屋面装饰

中国古代建筑的屋顶，不仅具有防风、防漏和坚固耐久的功能，而且各种屋顶形式和瓦件的装饰作用，成为中国古代建筑的一个突出特征。各种曲线屋顶所呈现的优美轮廓线，成为中国古代建筑中最富艺术表现力的部分（图 7-5-1）。屋顶形式根据构造不同可分为硬山顶、歇山顶、悬山、卷棚、攒尖等类型。

图 7-5-1 故宫角楼铜镀金宝顶
（图片来源:《紫禁城宫殿》，生活·读书·新知 三联书店，2006）

5.1 屋脊装饰

屋脊是屋顶上的重要组成部分，是屋顶两坡之间的交接部位，是整个屋面防水的薄弱环节，在构造上必须加以覆盖和作各种处理。不同的屋顶形式，均有一系列的传统作法，以保证防风防漏的功能需要，同时屋脊又是屋顶上的重点装饰部位，它影响着屋顶轮廓线的变化（参见第 1 部分第 3 章）。中国古代匠师们在长期的实践中形成了一定的审美和结构相结合的表现方式，从而产生了丰富多彩的脊上装饰。

5.1.1 正脊装饰

汉代屋顶装饰比较常见的是在门阙、殿堂的屋脊上装饰朱雀（凤鸟），三国时仍沿用这种装饰形式。北朝石窟中屋形龛上显示的脊中鸟形装饰是存留的一些实例。明清官式建筑中正脊部位造型装饰很少。一些地区民居建筑中，这一部位的装饰造型复杂多样（图

7-5-2)。简单的用板瓦叠成芝花、金钱或用砖雕成福寿字等形式，复杂的则雕成各类花卉、仙人、瑞兽等各种造型。

图 7-5-2　南方农村正脊佛塔装饰
(图片来源:《乡土建筑装饰艺术》，中国建筑工业出版社，2006)

5.1.2　正脊端头装饰——鸱尾、吻

位于建筑物正脊两端的装饰构件隋唐时期称为鸱尾，明清称为正吻，通常用于宫殿、衙署等规格较高的建筑物。南北朝时期这一做法已比较普遍；隋唐时期，鸱尾是建筑正脊两端最常用的装饰，不仅宫殿、佛寺、衙署、贵族宅邸中也可以使用鸱尾；中唐至晚唐时鸱尾发展成带有短尾的兽头，称为鸱吻；明清时这一构件为龙头造型。龙吻发展形成多种形式，并日趋华丽，成为宫殿、陵墓、寺庙建筑普遍使用的脊上装饰(图 7-5-3)。

图 7-5-3　山西建筑中的龙形吻
(图片来源:《乡土建筑装饰艺术》，中国建筑工业出版社，2006)

民居建筑中相对等的位置装饰在不同地区差异很大，简单的如北京地区清水脊两端的“鼻子”(或称蝎子尾)，复杂的有类似“吻”的“鳌鱼”。南方建筑中，根据做法和式样不同分为游脊、甘蔗脊、纹头脊、雌毛脊、哺鸡脊、哺龙脊等。其中哺鸡脊等级最高，用于大的宅第及园林的厅堂建筑上；一般民居则用甘蔗脊[1]、雌毛脊和纹头脊等形式，种类繁多，在此不一一尽述。

5.1.3　垂脊、戗脊装饰

除正脊和垂脊相交处置正吻，檐角还有仙人和多种样式的走兽。故宫太和殿中殿顶檐

[1]甘蔗脊是在脊的两端制回纹装饰，纹头脊的两端要缩进山墙约 40cm。然后将脊稍稍抬高，下边做勾子头，两端做各种式样的纹头或卷草纹样。

角小兽按规定的顺序由前而后分别是龙、凤、狮子、天马、海马、狻猊、押鱼、獬豸、斗牛、行什，最前端为一个骑凤仙人，是制式最高的檐角装饰。各种琉璃装饰构件的式样和大小，是由宫殿的等级而决定的。太和殿的正吻由十三块琉璃构件组成。正吻通高 3.4m，重 4.3t，檐角小兽是十个。乾清宫是皇帝居住和办理政务的地方，其地位仅次于太和殿，因此屋面装饰的琉璃构件也小于太和殿，檐角小兽用九个（减去行什）。坤宁宫明代是皇后的寝宫，清代是祭神和结婚的洞房，屋面装饰瓦件也缩小型号，檐角小兽是七个，减少獬豸、斗牛、行什三个。东西六宫是妃殡的生活区，屋面瓦件又小一些，檐角小兽是五个。其他配殿和门庑比主殿屋面琉璃瓦件相应缩小型号和减少檐角小兽。一些用琉璃瓦装饰的小房和门的屋顶，所用的琉璃构件型号更小，檐角的小兽有的仅用一个或者不用（图 7-5-4、图 7-5-5）。

图 7-5-4 故宫建筑中的走兽

图 7-5-5 故宫太和殿武丁装饰构件
（图片来源：《紫禁城宫殿》，生活·读书·新知三联书店，2006）

图 7-5-6 民间建筑中色彩浓艳、造型多样的屋顶装饰
（图片来源：《乡土建筑装饰艺术》，中国建筑工业出版社，2006）

江南园林建筑中，根据不同的屋面坡度选用不同的起翘方式，有的挺拔有力，有的平缓舒展，形成了翼角轻盈，体态玲珑的建筑屋顶造型。翼角经常装饰水纹、回纹、凤穿牡丹等各种图案。南方民居的山墙，由于防火的需要，一般都要高出屋面，外观形式多样，有观音兜、马头墙等等，同时在山墙上施以各种装饰。民间建筑十分注重屋顶装饰，通常大量使用造型装饰，并且着有对比强烈的色彩（图 7-5-6）。

5.2 屋面装饰

中国传统建筑中宫殿、庙宇等高制式建筑物的屋面，大都是用不同颜色的琉璃瓦覆盖。根据建筑物的功能和等级，确定屋面装饰；根据不同的屋顶样式，确定屋面各类型脊的使用和瓦件的选择。屋面所覆瓦有板瓦和筒瓦之分，板瓦面微凹扁而宽，相叠成行，并比排列；筒瓦即半圆形瓦，覆盖板瓦两行边缘、相接成陇。瓦的使用构成了屋面的色彩装饰元素（图 7-5-7）。

图 7-5-7　故宫屋面琉璃瓦
（图片来源:《紫禁城宫殿》，生活・读书・新知 三联书店，2006）

本章总结

这一章主要介绍了中国传统建筑中的装饰部位和与之有关的主要装饰形态。在外檐装修部分主要介绍了门、窗和栏杆的装饰，以及对建筑造成的影响。其中在门、窗装饰中强调了以色彩对比和造型凹凸变化，形成强调重点的表面装饰手法和利用光线与装饰图案形成表面的明暗变化的装饰手法；在栏杆和挂落的装饰介绍中，强调的是这两种建筑够通透的特征和多变的内部图案对建筑形态和人的视觉感受的调整功能。内檐装饰部分主要分析了划分室内的隔断和天花装饰，其中隔断装饰在中国建筑中的特殊性是本章最主要的内容。隔断装饰形成了中国建筑装饰特有的独立性和可移动特征，这两个特征与西方建筑装饰有本质的区别。

对于中国建筑装饰的学习，首先需要明确的是装饰与建筑之间的关系，本章所介绍的装饰内容中，一些对建筑有决定性的影响，如屋面的造型装饰；另一些会改变人们在建筑中的体验，例如栏杆和挂落；还有一些会变现出过去人们使用空间的历史痕迹，如从屏风到隔断的转化。在明确了这些装饰与建筑的关键联系之后，要考虑的问题才是具体制作方法和手段。

第8章　装饰与工艺

中国传统建筑装饰表现出的形式复杂而多变，涉及的工艺也十分繁琐，但是在建筑装饰中起决定因素的工艺是有关造型装饰的雕刻工艺和有关色彩装饰的彩绘工艺、琉璃工艺。装饰中变化万千的形式都离不开这三种主要工艺和技术，其中琉璃工艺主要在第1部分的第5章已经有所介绍，本章不再重复。本章主要介绍建筑装饰中最重要的两大工艺技术：雕刻和彩绘。

第1节　雕　刻

中国古代建筑装饰中，雕刻是最重要的工艺技术，遍布宫殿、住宅、园林、寺庙、祠堂、陵墓、桥梁、牌坊等各种建筑之中。建筑中雕刻装饰的起源和发展是依据建筑材料的使用以及加工技术和加工工具的发展而逐步改进的。雕刻中最早出现的是木雕，然后是石雕、砖雕。由于雕刻装饰不受等级制度对建筑规定的限制，因此在民居使用广泛，这是促进雕刻工艺技术发展的重要原因之一。明清两代，建筑上的雕刻装饰无论从使用范围、题材内容和表现技巧上都达到了鼎盛时期。尤其是江南地区，苏州、扬州、徽州、杭州以及东阳等地都是雕刻装饰制造生产的云集之地。

中国建筑中雕刻的内容并不受材料的影响，在木雕、石雕和砖雕中，图案纹样的选择和内容题材几乎没有区别，主要包括：

（1）祥瑞图案。包括龙凤、狮子、麒麟、鹿、鹤等传统祥瑞图案，以及喜鹊、蝙蝠、松鼠、鱼等民间常用图案，或由这些母题组成的各种寓意深刻的装饰图案，如二龙戏珠、丹凤朝阳、狮子滚绣球、喜鹊登梅、五“蝠”捧寿、松鼠葡萄等形式（图8-1-1）。

（2）锦纹图案。包括丁字锦、回纹锦、龟背锦、雷纹、云纹等。木雕中单独使用较多；砖雕中常作为衬地使用，如以回纹卐字衬地，上面再雕各种花卉、花鸟等形式。

（3）植物图案。常用植物图案有松、竹、梅、兰、牡丹、荷花、芭蕉等各类枝叶植物，以及花卉和果实纹样（图8-1-2）。植物纹样的使用和选择往往借取其象征含义，例如松竹梅称为“岁寒三友”；梅兰竹菊称为“四君子”；梅竹为“岁寒二雅”；佛手、桃、石榴有多福、多寿、多子的含义。

（4）器物图案。包括有鉴赏性的古董类，如八卦炉、百子瓶、琴棋书画等，多构成古式图案。

（5）人物题材图案。包括神话故事、民间传说、戏曲人物，如麻姑献寿、水浒、三国人物、木兰从军、西厢记；以及民间生活，如耍灯舞龙，甚至养鸡养羊、推车捕鱼等场面。

（6）字类图案。包括有福寿字、双喜字、卐字等，在使用中用字意直观地表达所要表现的内容（图 8-1-3），或与其他纹样共同组成图案，如寿字和蝙蝠组成的“五幅捧寿”等综合图案。

图 8-1-1　透雕缠枝葡萄落地花罩

图 8-1-2　楠木雕花卉花牙博古架

图 8-1-3　透雕龙凤双喜缠蔓葫芦落地花罩
（图片来源：《故宫建筑内檐装修》，紫禁城出版社，2007）

1.1　木雕

1.1.1　发展历史和主要特征

中国古代建筑中早期木雕实物没有保留下来，现存实物以宋代为最早，最著名的是太原晋祠圣母殿上的北宋木雕缠龙柱。但是从宋代的《营造法式》可以看出宋代已经拥有精湛的木雕工艺。《营造法式》将雕刻工艺分为混作、雕插写生花、起突卷叶花、剔地洼叶花等，其中混作指圆雕；“雕插写生花”指镂雕，是特殊位置的一种木雕；“起突卷叶花”指高浮雕；“剔地洼叶花”与“起突卷叶花”近似，这四种工艺包括圆雕、突雕、插雕等工艺方法。清代遗留的建筑木雕实物最多，从中可以看出清代木雕在建筑装饰上应用的几个特点：

（1）使用范围大。木雕工艺在清代几乎应用在所有的建筑类型中，从宫殿、庙宇到一般民居。同时建筑物中使用的部位也比之前年代有所增加，从结构部件到装修部件都充满了木雕装饰。

（2）雕刻工艺高超。清代雕刻工艺从之前的平雕起凸的手法，向更为立体的三维化发展，出现了镂雕和玲珑雕等复杂雕刻技法。

（3）内容丰富。清代木雕装饰内容极其丰富，几乎涵盖了中国传统装饰中所有的图案和题材。

木雕装饰在各地区都有应用，比较集中的有四个地区：以内檐装修木雕为主的北京宫廷中心；以外檐柱廊雕刻为主的山西、陕西地区；以浙江东阳为代表的江南地区；以广东潮州为代表的华南地区。每一地区都有自己的特点和风格，自成一派。

1.1.2　装饰部位

1.1.2.1　外檐柱廊各部构件木雕

檐廊是人们的视线最容易看到的部位，是建筑中装饰的重点。上一章中曾经重点强调了外檐装修中隔扇门、挂落和栏杆对建筑檐廊部位的装饰作用。以北京为中心的地区此部位的造型装饰以简洁为特征，并不做过多的雕刻，但是在北方的山西地区和中国南方除了门窗格扇上用雕刻作造型装饰以外，在雀替、撑拱、牛腿等支撑构件上进行雕刻是十分普遍的装饰做法。南方建筑中，檐廊天花多采用“贴雕”技术进行装饰（图 8-1-4），住宅的内天井周围的楼层栏杆，更是集中雕刻的地方。特别是徽州地区的民居中，多数都有雕刻精美的栏杆。

中国民居建筑中外廊部分的木雕装饰，形式题材丰富多样，仅浙江及徽州民居中就有上百种之多。雕刻形式往往根据建筑构件的形状进行选材和构图，多以传统题材为主。这些木雕栏杆用料考究，且不上油漆，充分表露出木质和纹理的天然美感（图 8-1-5）。

图 8-1-4 新叶村外廊部位雕刻

图 8-1-5 新叶村雀替、牛腿木雕

（图片来源:《新叶村》，中国建筑工业出版社，2004）

1.1.2.2 梁架雕刻

中国南方的古建筑多数是露明造，在梁架上进行雕刻已成常用的装饰手段。梁架雕刻以不破坏构件的稳定性为原则，主要在梁的两端稍加雕饰做成花梁头形式，梁上仅雕刻浅线脚。也有梁上采用满布雕刻的形式，但多采用浅刻及浅浮雕技法（图 8-1-6）。江南园林、民居中有许多雕饰华丽的月梁就属此类。徽州明代住宅中的梁架雕刻古朴优雅，梁头上一般雕成朵云的形状，有的雕成一朵大云，有的用两朵或几朵小云烘托着一朵大云。梁架上的平盘斗也雕成各种形状，有六角形、各式莲瓣形，复杂的雕花鸟等纹样。脊桁两侧的叉手常雕成朵云及卷草状，形如一条彩带，优美流畅（图 8-1-7）。

图 8-1-6 新叶村中梁架雕刻

图 8-1-7 梁架中优美的雕刻装饰

（图片来源:《新叶村》，中国建筑工业出版社，2004）

1.1.2.3 室内隔断雕饰

罩是中国传统建筑室内最具有装饰特征的空间分割构件。由于它特有的装饰性，因此多采用各类名贵木材，如黄扬、红木、紫檀木、花梨木等制作而成，为雕刻提供了质地精良的材料条件。

格扇上的裙板和绦环板是雕刻集中的部位，多采用浮雕的形式；花罩、挂落、花牙子则采用双面透雕技法，有时几种技法同时使用，以获得丰富的视觉感受（图8-1-8）。除了单纯的雕刻技法之外，贴雕和嵌雕也被应用在建筑内部的装饰上。在故宫的室内隔断中，玉石、珐琅、瓷片等各种珍贵材料经常镶嵌在木雕当中，形成更丰富的材料和色彩装饰效果（图8-1-9、图8-1-10）。

图8-1-8 透雕松竹梅花窗口

图8-1-9 紫檀雕回纹嵌螺钿夹纱槛窗隔断
（图片来源:《故宫建筑内檐装修》，紫禁城出版社，2007）

图8-1-10 紫檀雕回纹嵌瓷片夹纱槛窗
（图片来源:《故宫建筑内檐装修》，紫禁城出版社，2007）

1.2 石雕

1.2.1 发展历史

石雕技术在中国建筑中的应用历史久远，主要使用于建筑的柱础、台基、栏杆等构件，以及陵墓、桥梁、石塔、石窟等石制建筑上。汉代的石阙、石墓和画像石中的石雕技法纯熟、造型质朴，是品质极高的石制装饰品。魏晋南北朝时期，佛教的传入和兴起使佛教建筑如佛塔、经幢、石窟大量出现，为石雕技术的应用和发展创造了条件，其技法由以前的“阴纹刻线”技法发展到“压地隐起”，从此建筑中的石雕装饰得到了新的发展。宋《营造法式》对石雕技术概括和总结成四种雕刻技法：剔地起突、压地隐起、减地平级和素平四种，反映了当时石雕工艺技术的水平。明清两代仍保持混雕、突雕、隐刻、线刻的形式，但风格上趋于追求写实。

1.2.2 装饰部位

1.2.2.1 台基和栏杆

在宫殿建筑中，台基的发展极为突出。战国时各地诸侯以宫室的高台榭为美，台基日趋讲究。高台周围需设栏杆，因此台基与栏杆连为一体。在最高等级的建筑里，把佛教象征世界中心的须弥山的佛像基座——须弥座移植到房屋的台基上。明代建筑对台基的设计极为考究。永乐年间修建的三座最高等级的建筑物——紫禁城奉天殿（今太和殿）、天坛祈年殿和长陵棱恩殿都是以三重白石台基、须弥座加栏杆为基座，使建筑物造型庄严、比例得当，更显宏伟壮丽（图 8-1-11）。

图 8-1-11 故宫中殿前台阶的中间，随着踏跺坡度斜铺着巨石雕刻，称为“御路”。故宫三殿台阶前后御路各有三块，保和殿后三台下面一块御路石长达 16.57m，宽 3.07m，周边用浅浮雕，雕着连续的卷草图案，上面雕着云气纹，中间的装饰主题用高浮雕突出了九龙奔腾，下端为海水江涯（图片来源：《紫禁城宫殿》，生活·读书·新知 三联书店，2006）

在石栏杆的主要雕刻部位有望柱头和栏板。望柱头的雕刻内容常为狮子、莲瓣、云龙等造型（图 8-1-12）；宫殿建筑中栏板上以龙草纹样为主，也包括卐字纹、云纹、竹纹等。这些栏板雕刻多采用高浮雕形式以表现出较强的立体效果（图 8-1-13）。

图 8-1-12 望柱头的图案装饰，随着建筑性质不同而变化。故宫三大殿是皇权的象征，因此作为它的台基的三台栏杆的望柱头，全都采用龙凤纹图案；三大殿四隅崇楼周围栏杆的望柱头，望柱头上的纹饰采用较次要的二十四气的图案；花园中的亭、台、楼、阁，周围所用栏杆的望柱头的图案是石榴头、云头、仰覆莲、竹节纹

图 8-1-13 栏板中的高浮雕装饰
（图片来源：《紫禁城宫殿》，生活·读书·新知 三联书店，2006）

1.2.2.2 柱础石

柱础石是用在柱子下端支撑柱脚的基石，是随木结构体系产生的一种构造形式，具有抗压、防潮等功能。中国南方气候湿热多雨，为了防止柱下端部朽烂，建筑中的柱础石通常较高，但是山西一些民居建筑中也有高柱础的形式。在高出地面的部分加以雕饰，使之成为富有变化的柱础细部。其雕刻方式采用剔地浅浮雕，以保证柱础的承重作用。雕刻图案构图紧凑，充满整个柱础表面。根据建筑性质的不同，图案题材相应变化，如在寺庙建筑中以宗教题材为主，采用铺地莲花、海石榴花、福相花等；民居、祠堂、会馆建筑中，多采用具有吉祥寓意的图案。柱础除了雕刻装饰外，其本身的造型也颇具装饰性。常见的有鼓形、覆盆式、抹角形、瓜形、八角形、瓶形、斗形等（图 8-1-14、图 8-1-15）。民居中的大多数柱础采用竖平方式雕琢。

图 8-1-14 山西王家大院圆形柱础

图 8-1-15 山西王家大院八角形柱础

（图片来源：《乡土建筑装饰艺术》，中国建筑工业出版社，2006）

1.2.2.3 门枕石（抱鼓石）

门枕石位于建筑大门门扇的门轴下方，其功能是承托门扇使门扇得以转动。门枕石的基本形状是一块长方形石料，穿过门槛，一端在门槛内，一端在门槛外。中国建筑中门枕石最常见的形式是狮子、圆形石鼓，其中圆形石鼓形状的门枕石又称“抱鼓石”。南方地区抱鼓石又称呻石，形状有方有圆，多数做成鼓形，在鼓的两侧进行雕刻，常用的纹样有狮子滚绣球，二龙戏珠、葵花、如意云等。南方抱鼓石根据形状不同，可分为挨狮砷、葵花砷、纹头砷、书包砷四种，每种又有许多变化。

1.3 砖雕

1.3.1 发展历史

砖雕是明清时期逐渐兴起的一种建筑装饰形式。早期砖制装饰多为模制画像砖，辽宋砖塔中的砖制栏板、斗拱为较粗糙“砍活”。砖雕在明清时期发展较快的原因，首先是当时制砖业的发展；其次是由于明清时期对这种装饰形式没有法制规定，不会造成逾制之嫌，因此大量民间建筑采用此装饰形式；最后，这种装饰材料成本低、易加工，且耐久性能好，十分适于用作外檐装饰材料。砖雕应用较多的地区主要集中在北京、徽州、河州三大地区，其中徽州砖雕的历史较为悠久。徽州砖雕的兴盛与当地商贾官宦的提倡有关。

明清两代的砖雕雕刻工艺由初期的“隐刻”向“突雕”演变，特别在剔地雕的基础上逐渐发展为透雕、深雕、圆雕和多层雕等形式，并在一块砖板上使用各种技法，增加作品的层次。明清两代的砖雕都具有较高的水平，但风格迥异。明代砖雕古拙朴素，用刀刚劲洗练，注重整体效果，讲究对称。在表现形式上以浮雕或一层浅圆雕为主，故层次变化较少，但线条造型优美。其装饰题材多以花鸟为主，《园冶》中曾对此有所描述“历来墙垣，凭匠作雕啄花鸟仙兽，以为巧制”。清代砖雕的风格趋向繁复细腻，注重情节和构图，有时仿木雕向立体化发展，题材也由花鸟变成人物山水为主。

1.3.2 装饰部位

1.3.2.1 砖雕墀头

墀头是建筑中山墙的端头，由于其处于建筑的正立面，因此多做重点装饰。墀头分上中下三部分，上部挑出支撑檐口部分，称为盘头（翻花），中部为上身，下部为下碱。依据清代官式做法，装饰集中在上步的盘头部位，上身与下碱很少装饰。盘头部分的装饰主要以植物和几何纹样为主，复杂的也会使用人物、器物等组合纹样。山西、河北等产砖地区尤其注意墀头装饰，形成了砖雕装饰中最重要的一个分支。

1.3.2.2 砖雕影壁、照壁

影壁是一种特殊的墙体，民间建筑中影壁多用砖筑，因此自然以砖雕作为装饰方法。住宅影壁的大小和装饰程度随主人财力而定。在山西建筑中保留了数量相当可观的精美砖雕影壁。

南方称影壁为照壁，上海松江城隍庙前的照壁是明代遗物。整个照壁以“麒麟卧松”为装饰母体，照壁的下方雕刻山石、灵芝和翠竹，左右两边框雕刻吉祥花草。整个造型以浅圆雕形式为主，处处表现出古朴的明代风格。

第2节 彩 画

色彩之于建筑的重要，在中国建筑中可以说体现得最为淋漓尽致。从使用的时间上看，在中国木构建筑上绘制彩画，春秋时已有文字记载。甘肃麦积山石窟北周窟中的彩画绘在柱、枋上已出现近似宋式角叶、清式藻头的图案。在敦煌石窟五代、宋初建筑的窟檐和南唐二陵中都有以红色为主调的彩画[1]。对古代彩画的图形、用色、做法记载最详的文献是《营造法式》彩画作和清工部《工程做法》画作。按照这些做法绘制的彩画分别称为宋式彩画和清式彩画。此外，历代还有不同于这些官式做法的民间做法。

2.1 彩画的基本知识

2.1.1 工艺

2.1.1.1 宋代

宋代彩画施工分为衬地、衬色和布细画三个步骤。

（1）衬地：画彩画处首先遍刷胶水，如贴金，则用鱼鳔胶刷。再按所画品种分别刷白

[1] 敦煌莫高窟第148窟、172窟经变化所表现的建筑群中，殿阁的檐柱、枋楣、椽等表面一般为赭色、红色、廊柱有时为黑色。构建端头面，如椽头，枋头，拱头等，用白色或黑色。

色或浅蓝色衬地、浅土红衬地。

（2）衬色：在干透的衬地上，依据彩画不同颜色铺衬色，以衬托画面色彩，使色彩更鲜艳。青色画面的衬色为浅青色；绿色画面的衬色为浅绿色；红色画面的衬色为浅红色，或只用黄丹。

（3）布细色：衬色完成之后，依据图样细画花纹。画时颜色重叠处先刷矾水，全画完成后罩一层胶水。目前所见唐代、宋代，以及之后元代的建筑彩画也都是这种做法。

2.1.1.2　清代

清代官式彩画的绘制程序细致复杂，大体可分为以下工序：①丈量（测量需绘彩画构件尺寸）；②配纸（依制式做纸样）；③起谱子（在纸上绘制彩画图样）；④札谱子（用针沿图样轮廓线扎孔）；⑤打谱子（将扎后的图谱铺在已清洗磨光的构件表面，用粉袋拍打，印在构件表面）；⑥沥粉；⑦刷底色；⑧包黄胶（刷石黄胶水，以便贴金）；⑨拘黑（用粗黑线勾轮廓）；⑩行粉（在金线、黑线内绘细白粉线）；⑪晕色（叠晕）；⑫贴金；⑬压最后一道黑线；⑭罩一遍清油。

2.1.2　颜料

彩画用的颜料以矿物颜料为主，植物颜料为辅。矿物颜料覆盖力强，经久不变色，一些明清时期，甚至更早建筑中的彩画仍保持分明的色彩，就是依靠这种矿物颜料。矿物颜料的提取和加工十分不易，须经过捣细、淘取、研末、淘澄四道工序。然后和以胶水使用。

2.1.3　构图（各部位名称）

彩画的构图有明确的规定和制度，各部位也有相应的名称，主要部位有：

（1）枋心。梁枋彩画的中心部分。长度约占整个梁枋的 1/3。

（2）藻头。俗称找头，指梁枋彩画的枋心与箍头之间的部分。

（3）盒子。彩画箍头内略似方形的部分。当梁枋构件太长时，则在箍头和藻头之间添加盒子，内画图案。盒子也有菱形或其他形状者。

（4）箍头。梁枋彩画左右两段的外端，有“箍在枋的两头”之意。

（5）锦枋线。分隔箍头、藻头、枋心者三部分的轮廓线。

（6）岔角。箍头与藻头间的小尖形称“岔角”。

2.1.4　绘制手法

历代彩画虽在图案、用色、做法上有所不同，但长期以来形成了一些相通的绘制手法，如迭晕、间色、沥粉、贴金等。这些绘制手法对彩画的最终效果起着十分关键的作用。

（1）起晕（叠晕）。即用同一颜色调出 2 ~ 4 种色阶，依次排列绘制装饰色带的手法。“叠晕”一词始见于《营造法式》。用在构件外缘时，深色在外；用在构件中图案四周时，浅色在外。内外迭晕间各留一白道后填底色，称剔地。这样画出的彩画可突出构件形体和主要图案。两组叠晕相并时，浅色在内，称为对晕。明清画作称“叠晕”为退晕，使用普遍。

（2）间色（间装）。即在建筑相邻各间的同类构件上，或在同一构件的不同段落或分件上有规律地交替使用几种冷暖、深浅不同的底色的手法，各种不同颜色相互间隔配置。如青地上图案用赤、黄、红相间绘制；绿地上图案用赤、黄、红、青相间；红地上图案用青、绿相间。以较少的颜色造成较富丽的效果。在明清彩画中，以青、绿相间为定法。

（3）沥粉。即用胶、油、粉调成膏，在彩画上画凸起的线，上覆明亮颜色，以加强彩画立体感、层次感的手法。这种手法最早的实例见于长沙马王堆一号西汉墓漆棺，在宋元壁画上大量出现，在明清建筑彩画中广泛应用。

（4）贴金。即用胶画线和图案，上贴金箔的手法。贴金可以调和不甚谐调的色彩间的关系，多用于重点装饰。可以平贴片金，也可以沥粉贴金。

2.2 彩画的分类

2.2.1 宋代彩画分类

依据《营造法式》记载，宋代彩画分为六种：五彩遍装（五彩装饰）、碾玉装（青绿碾玉）、青绿叠晕棱间装（青绿棱间）、解绿装（解绿装饰屋舍）、丹粉刷饰（丹粉刷饰屋舍）、杂间装。不同于明、清两代，对于彩画的使用，宋代限制较为宽松。因此，《营造法式》虽然将这五种彩画分为三个等级❶，但是主要依据的是装饰效果和耗材多少。

（1）五彩遍装（五彩装饰）：在梁、柱、额、枋、斗、椽、连檐、檐下屋板面、平棋等处都画上五彩图案、纹样，故称“遍装”。图案绘制均采用“间装”手法，叠晕层次丰富，多达四叠；所绘图像内容最为广泛，飞仙、人物、花卉、琐纹、飞禽、走兽、云纹均可绘制（共计七大类）。

（2）碾玉装（青绿碾玉）：木构件的边棱缘道、图案、纹样均用青、绿两色相间叠晕而成，基本不用红色，形成冷色调彩画。所绘内容只有图案纹样，不绘制飞仙、人物、花卉、琐纹、飞禽、走兽。

（3）青绿叠晕棱间装（青绿棱间）：青、绿二色外棱与身内素色相间用色、相对起晕构成的彩画。梁、额、枋、斗、面上均不作花饰，只有柱、椽用简单纹样作重点装饰。

（4）解绿装（解绿装饰屋舍）：在梁、额、枋、斗等木构件上，通刷土红，外棱边缘用青绿色叠晕作轮廓，在檐额、大额、由额和梁的两端作如意头、燕尾等图案。

（5）丹粉刷饰（丹粉刷饰屋舍）：以白色为构件边缘，面上通刷土朱，如用在斗拱上，则在昂拱的下面及耍头的正面刷黄丹色以求色彩的变化。

（6）杂间装：将前面五种彩画掺和使用，但具体混杂配比也有一定之规。各种彩画可以相互拼凑，可以看出宋代彩画制度比较灵活。

2.2.2 清代彩画分类

明代彩画主要分为北方官式彩画和南方彩画两大类型。其中北方官式彩画是由宋元官式彩画发展而来，清代在此基础之上又有发展，形成了一套制式严格的彩画装饰系统。在色彩装饰方面，清代建筑与宋式建筑的明显不同是，除游廊仍用绿柱外，建筑都用红柱，檐下彩画以青绿为主。清式彩画柱子除金龙柱外，一般不加彩画。彩画重点在檐下。根据图案，用色的差别，清式彩画大体可分为和玺彩画、旋子彩画和苏式彩画三类。

2.2.2.1 和玺彩画

和玺彩画，《工程做法》中称为“合细彩画”，是清代彩画等级最高的形式，以金饰及龙凤纹为主要特征。此种彩画创造于清代初年，成熟于乾隆时期。专用于朝寝或坛庙正殿、重要宫门、宫殿建筑群中主轴线上的重要建筑上。例如，紫禁城外朝的重要建筑以及内廷中帝后居住的等级较高的宫殿（图 8-2-1）。和玺彩画构图原则是将横向构件，如额枋、枋、檩均分三段，每段各占 1/3，各段之间以锦枋线分隔。中间一段为枋心，枋心边线称“楞线”。两端为找头，找头外端有箍头线，如梁枋过长则在端部加箍头，两箍头线之间为“盒子”。

---

❶《营造法式》卷 28《诸作等第》中，五彩遍装、碾玉装为上等；青绿叠晕棱间装、解绿装为中等；丹粉刷饰为下等。

彩画中的主要内容是龙凤纹样，不用花卉、锦纹、几何纹等。除彩画纹饰大面积使用沥粉贴金之外，布局的框架线条也一律为沥粉贴金，金线一侧衬白粉线（大粉）或加晕，以青、绿、红作为底色衬托金色图案。清代和玺彩画的纹样设置、色彩排列和工艺做法等方面都形成了规范性的法则，是规则最为严明的彩画形式。根据彩画中绘制内容不同，和玺彩画分为“金龙和玺”、“龙凤和玺”、“龙草和玺”等不同种类，依据建筑的等级选择使用（图 8-2-2）。例如，紫禁城中太和殿、养心殿等宫殿多采用“金龙和玺”彩画；交泰殿、慈宁宫等处则采用“龙凤和玺”彩画；而太和殿前的弘义阁、体仁阁等较次要的殿宇使用的则是“龙草和玺”彩画，详见表 8-2-1。

图 8-2-1　和玺彩画图稿

图 8-2-2　皇极殿外檐金龙和玺彩画

表 8-2-1　和玺彩绘表

项目	平板枋	枋心	藻头（找头）	箍头	垫板	柱头	雀替	压斗枋	斗拱
金龙和玺	青地，两端向中顺序画行龙	大额绿地，小额青地，画二龙戏珠	大额青地画升龙，小额绿地画降龙，升降龙可互换。较长藻头可画升降龙二龙戏珠	大额青楞线，青盒子；小额绿楞线，绿盒子，内画坐龙、升龙、降龙均可	朱红地，两端向中对画行龙	上下两头各一条箍头，上下刷绿红，和青地对应，花纹有多种画法。青地画两绿盒子，画坐龙	赤地画行龙，龙头向中	为青地画工王云	多用蓝绿两色，周角用金黄线。升斗绿色则拱昂蓝色，升斗蓝则拱昂绿。每攒蓝绿相间分配。色彩次间互换，隔间相同
凤和玺	绿地画一龙一凤								
龙凤和玺	绿地画一龙一凤	大额青地画龙，小额绿地画凤	大额画龙绿楞线，绿盒子；小额画凤青楞线，青盒子。凡枋心、盒子画龙或凤，藻头就画凤或龙，隔间龙凤相同		朱红地，绿楞线，两端向中对画一龙一凤或行龙	箍头上红下绿，插梁头画凤上绿下青	画五色草	绿地画工王云	画坐龙或龙凤。其余同金龙和玺，平板枋及由额垫板也可画一龙一凤，相间排比
龙草和玺				均为死箍头	不画龙，只画“轱辘草”			工王云、流云等	斗拱板画三宝珠火焰
金琢墨和玺	采用金琢墨雌雄草又名母草			采用贯套箍头或锦上添花，西蕃莲、汉瓦加草等，攒小色以不顺色为原则，如青配香色，绿配紫等五色调换					

2.2.2.2 旋子彩画

清代旋子彩画是由明代宫廷旋子彩画演变而来，主要特点是藻头（找头）一律以旋花瓣组成的团花为母题，并随藻头长短增减团花数量。旋子彩画的构图原则仍是在横向构件，如额枋、枋、檩上均分三段，每段各占 1/3，各段之间以锦枋线分隔。两端又分为箍头、藻头，箍头中盒子画团花，藻头两端为岔口线，均为 60° 折线，线之间画“旋花”。

图 8-2-3 神武门外檐碾玉装旋子彩画

图 8-2-4 一字方心墨线大点金旋子彩画

（图片来源：《紫禁城宫殿》，生活·读书·新知 三联书店，2006）

（1）构图和部件。

枋心画夔龙、锦、花草、西蕃莲等分别叫龙枋心、锦枋心、花草、枋心、西蕃莲枋心等。中间画一条黑粗线，称“一字枋心”（图 8-2-3）。只刷青绿，不绘制任何图案称为“普照乾坤”，或叫空枋心。大小额枋的规格同和玺彩画，如大额枋画龙，则小额枋画锦，上下可调换。明、次、稍、尽间依次调换。并规定青地画龙，绿地画锦。

找头之内带漩涡状的几何图形，叫做“旋子”（或称旋花），各层花瓣从外到内分别称“一路瓣”、“二路瓣”、“三路瓣”，中心是“旋眼”（或称旋花心）。在构图上，旋子彩绘采用一整二破法，也就是藻头的旋子图形排列是一个完整，二个只是局部。这样才能适应梁枋的宽窄、长短比例的不同，或在等长不等宽的木构件中取得纹路的协调统一（图 8-2-4）。

图 8-2-5 景福宫报厦花鸟苏式彩画

（图片来源：《紫禁城宫殿》，生活·读书·新知 三联书店，2006）

（2）旋子彩画的分类。

明代旋子彩画，依据作法可以分为琢色、晕色、彩色、间色，但尚无等级形制的规范。至清初明确分为琢墨彩画、碾玉彩画、五墨彩画；乾隆以后分为金线、墨线、大点金、小点金、雅伍墨等几种。当今的研究者通常根据旋子彩画的图案组成、用色、贴金的复杂程度，分为九个等级：浑金旋子、金琢墨石碾玉、烟琢墨石碾玉、金线大点金、金线小点金、墨线大点金、墨线小点金、雅伍墨、雄黄玉。大点金、小点金是指旋子中心贴金多少，用金多等级高，用金少则低；大小点金各有金线之别，金线高，墨线低。

旋子彩画的分类	
A	浑金旋子画：整个构件不敷色彩，显示部件本色。全部旋花、锦枋线及纹样均贴饰金箔。是最高等级类型。
B	金琢墨石碾玉：锦枋线、旋瓣、旋眼、栀花心、菱角地、枋心及盒子图案皆沥粉贴金，用金量大。主要线路及旋花瓣皆为青绿叠晕。此类彩画的枋心、盒子内多龙凤纹、锦纹，属于较高等级旋子彩画。
C	烟琢墨石碾玉：构图用色同金琢墨，但旋瓣不用金线而用墨线，用金量少。
D	金线大点金：锦枋线、旋眼、栀花心、菱角地图案皆沥粉贴金。枋心图案沥小粉片金龙纹，锦枋线为青绿叠晕，其余为墨线。枋心纹饰多为龙纹、锦纹交替使用，称“龙锦枋心”。此种彩画属于较高等级彩画。
E	金线小点金：比金线大点金低一等，用金上减去菱角地、枋心片金龙的沥粉贴金，其余如大点金。
F	墨线大点金：锦枋线、旋花瓣皆为墨线沥粉，仅在旋眼、栀花心、菱角地等团花重点处贴金，枋心内偶尔用片金龙纹。
G	墨线小点金：减去墨线大点金中菱角地、枋心片金龙。枋心内可不绘制图案，仅绘一黑线，称“一字枋心”，或在青绿地上绘制黑叶花卉。
H	雅伍墨：完全不用金，为最低等级旋子彩画。盒子图案多用死盒子。
I	雄黄玉：构图与“雅伍墨相”同，是色彩不用青绿为地，而用雄黄色或丹色，以墨线勾描，团花为极浅的青绿叠晕，色彩对比十分强烈。

2.2.2.3 苏式彩画

苏式彩画源于苏杭地区，明代南方彩画多用于寺庙、祠堂和大型宅等，目前在徽州地区保留较多。从保留的彩画中分析，明代彩画多画在梁、额、檩、枋等横向构件上，集中于构件中部，北方官式彩画中箍头、藻头部位不做绘制。中间构建的彩绘部分称为包袱。

明永乐年间，营修北京宫殿，大量征用江南工匠，苏式彩画随之传入北方。历经几百年变化，苏式彩画的图案、布局、题材以及设色均已与原江南彩画不同，尤以乾隆时期的苏式彩画色彩艳丽，装饰华贵，又称“官式苏画”。明代江南丝绸织锦业发达，苏画多取材于各式锦纹。清代，官修工程中的苏式彩画内容日渐丰富，博古器物、山水花鸟、人物故事无所不有，甚至西洋楼阁也杂出其间，即使在官化以后仍然是比较灵活的一种彩画（图 8-2-5）。

苏式彩画的等级划分并不严格，依工艺、用金量、退晕层次等不同，可将苏式彩画分为金琢墨苏画、金线苏画。从构图上的不同可以将苏式彩画分为三类：枋心式、包袱式、海墁式，其中包袱彩画是最具代表性的苏式彩画。

包袱式彩画构图与和玺彩画、旋子彩画十分不同，在檩子、垫板、额枋三处构件上，相当于枋心处，统一画很大画心，其状仿佛下垂锦袱，因此称为“包袱”。包袱内涂浅色地子，上画山水、人物、翎毛、花卉等内容。两端的箍头也三件连在一起画。但箍头内相当于藻头外端的位置又三件分开，各画对称的花纹，称卡子。画曲线的花纹称软卡子，画折线的花纹称硬卡子。包袱外缘由多折曲线组成，画多层退晕。由于包袱画是将檩子、垫板、额枋三处构件统一画在一起，故只用于园林建筑或没有斗拱的建筑中（图 8-2-6）。

图 8-2-6 包袱方心彩画样稿

（图片来源：《紫禁城宫殿》，生活·读书·新知 三联书店，2006）

包袱的轮廓由若干连续折叠的线条构成，作多层叠晕。内层称“烟云”，以青、紫、黑三色为主；外层称“托子”，以黄（土黄、樟丹）、绿、红三色为主。轮廓大线用墨线或金线勾描。

2.2.2.4 天花彩画

天花在结构上有枝条和天花板两部分，彩画也是绘制在这两部分上。清代天花彩绘中，构图由轱辘、燕尾、枝条、岔角、圆光几个具体构件组成；彩绘手法分为片金、金琢墨、浑金、烟琢墨等；图案选择则较为多样。井口天花彩画题材有升降龙、团龙、团凤、团鹤、梵字等不同的圆光图案，圆光之四角画岔角云、岔角夔蝠等（图 8-2-7、图 8-2-8）。设色多为五彩，亦分烟琢墨、金环墨、沥粉贴金等不同技法类别。天花支条的交点处绘制轱辘线及退晕燕尾。

图 8-2-7 双夔龙寿字天花

图 8-2-8 正面龙天花

2.2.2.5 地方彩画

江南苏式彩画指苏杭一带，包括皖南、赣北一带民间建筑中的彩绘装饰。这类彩画多绘制在建筑的内檐构件上，外檐很少使用。这类彩画与官式彩画最大的不同表现在构图形式上。其构图不做一定之规，而是依据建筑构件的情况有多种变化。通常的构图是在梁枋画三角形锦纹图案，称为“袱子”，根据梁、枋断面尺寸，又变化出不同的形式。除包袱外，梁枋两端有类似北方彩画的“箍头”，称“包头”。不同于前面提到的官式彩画，上下包头图案不必一致，甚至上下也不必对齐。包袱与包头之间留“地”，一般建筑中为“素地”，即为原木色或绘制成木色、木纹；重要建筑中的“地”通常绘制锦纹，称为“锦地”。除了上述的“袱子”构图之外，也有在梁枋处仅绘制一个扁长型画框，称为“堂子”，内绘制山水、人物、花鸟等图案。江南彩画的内容，自明代即以锦纹作为装饰的主要图案，一直延续到清代中晚期，直至清末才逐渐加入写生绘画。与北方建筑不同，江南建筑中大木多为整木，因此彩画的施工工艺不做“地仗”。江南的建筑柱枋油饰则以栗色为主调，和粉墙配合，色调雅致，与官式彩画风格迥然不同。

第3部分 西方建筑装饰语言

第9章 西方古典建筑装饰语言之古代希腊和古代罗马

第1节 古代希腊

1.1 背景与风格特征的形成

希腊人天生就具有特殊的艺术才华，而他们所处的得天独厚的地理位置使他们十分容易与古代埃及文化、地中海文化和美索布达米亚接触。希腊人特有的艺术能力使他们轻易地可以将这些吸收来的各种文化和艺术转化成全新的优雅、精致的希腊艺术。希腊文明有两个显著的特征：坚持质疑和询问他们所接触、体验的事实和现象，以及对理想的不懈的追求。当其他民族依据传统经验接受自然的时候，希腊人不断地提出为什么、从哪里来、怎么样等诸多问题。

古代埃及文明是建立在先辈和宗教传统基础上，缓慢发展，缓慢衰退的过程；两河流域文明则一直处在一种几乎停滞不前的状态。希腊艺术与上述两种艺术迥然不同，是一种不断发展的艺术，从这个角度上看它带有一种现代精神。希腊艺术以它对自然犀利的观察，它的优雅，它对比例的完美诠释，超过了之前的任何艺术，并且其之后的继承者也无法超越它。

古代希腊并不是一个国家，而是由许多城邦组成。由于使用共同的语言，信仰相同的宗教，以及拥有近似的传统，这些城邦形成了紧密的关系。当时的希腊延伸至南意大利，爱琴海诸岛，在小亚细亚大部分居民是爱奥尼亚人。希腊人称自己为希腊人（Hellenes），而称世界上其他的民族为野蛮人。构成希腊最主要的种族有多里安人（Dorian）、爱奥尼亚人（Ionian）、亚该亚人（Achaean）以及伊奥利亚人（Aeolian）。

1.2 建筑

1.2.1 建筑的主要特征

希腊建筑的代表建筑类型是庙宇建筑。初期的庙宇是用木构架和土坯建造，为了保护墙面沿建筑搭建棚子，从而形成了柱廊。柱廊使建筑的四个立面连续统一，形成光影变化，削弱了封闭墙体的庞大体量感，在以后多年的实践中，柱廊逐渐成为重要的建筑元素。公元前6世纪以后，重要的庙宇普遍采用了围廊形制。古代希腊建筑的主要建筑部件，以及它们的特征有以下几点：

（1）平面。古代希腊神庙建筑的平面几乎都是长方形平面，并且为对称式，也有少数异形平面。根据宗教仪式的需要，希腊庙宇建筑以窄端为建筑的正立面，并作为主入口的位置（图 9–1–1）。

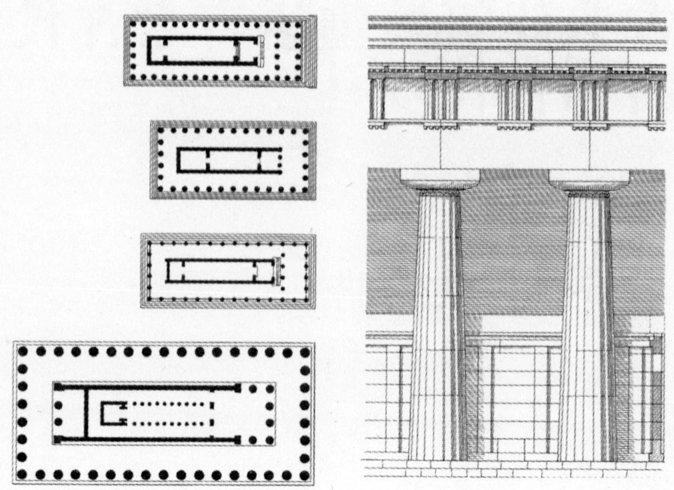

图 9–1–1 古代希腊多立克柱式建筑立面和平面
（图片来源：Greek Architecture, Yale University Press, 1994）

（2）墙体。希腊建筑的墙体是由大型石块建造，通过数学计算切割而成。不使用砂浆，石块紧密排列，依靠重力使其稳定。墙体表面的处理是使用细沙摩擦。

（3）屋顶。希腊的神庙建筑屋顶通常使用陶瓦覆盖在木梁上，但是由于现存实物较少，没有实例可以参考。

（4）檐部（Entablature）。檐部由额枋(architrave，lintel)、檐壁（frieze）、檐口（cornice）组成。 根据不同的柱式，檐部形式相应变化。多立克柱式建筑中的檐壁由三陇板（triglyphs）和陇间壁（metopes）交替组成（图 9–1–1）。三陇板的名称来自于它的凹槽，中间为两条完整的凹槽，两侧各有半条，组成三条凹槽。而爱奥尼克柱式建筑中的檐部则没有三陇板。檐口是屋面和屋面瓦的边缘。为了排水的需要，边缘上设置有怪兽形状的排水沟（gargoyles）。檐口腹下通常有一系列的突出装饰，称为檐托（mutules），是坡顶终椽的象征形象。

（5）三角山墙（pediment）。三角山墙是希腊建筑中的一个重要的建筑构件，位于建筑的端头，屋顶下的三角形构件。山墙围合出的三角形的面被称为山花（tympanum）。巨大的山花空间通常用雕塑装饰（当然也有很多建筑中的山墙不做任何装饰），这部分雕塑为我们留下了众多古代希腊精美的雕塑艺术品（图 9–1–2）。

图 9–1–2 帕提农神庙立面复原图
（图片来源：Greek Architecture, Yale University Press, 1994）

（6）开口（Openings）。希腊建筑中的开口（openings）相对较小，这是由作为洞口过梁的石制材料特性所决定的。开口的形状通常为下大上小的梯形，周边装饰有丰富的线脚，上端设置小型檐口造型。

1.2.2　柱式

除了上述建筑构件的特征之外，希腊建筑最重要也是对后来西方建筑影响最大的一个重要内容是柱式（Order）。柱式不仅仅是以柱头为形象特征的柱子样式，而且是决定古代希腊建筑比例、体形和整个面貌的重要规则。古代希腊的主要柱式有三种：多立克柱式、爱奥尼克柱式和科林斯柱式（图 9-1-3~ 图 9-1-5）。

图 9-1-3　多立克柱式（The Doric Order）

图 9-1-4　爱奥尼克柱式（The Ionic Order）

图 9-1-5　科林斯柱式（The Corinthian Order）

1.2.2.1　多立克柱式（The Doric Order）

应用最早的希腊建筑柱式是多立克柱式（图 9-1-6、图 9-1-7）。其形态特点是带有 16~20 条浅槽的厚重柱子，柱子没有柱基，柱身上方盖有简单的柱头；额枋没有装饰，檐壁分割为三条板和壁板，檐口出挑，下有檐托；三角山墙内部为雕塑装饰。早期建筑中的纹样以绘制为主，几乎没有雕刻的装饰纹样。这种风格持续了 600 年之久，在这之间仅对一些细节有所调整。最有代表性的建筑是雅典卫城的帕提农神庙（Parthenon，公元前 488 年）。

图 9-1-6　阿波罗神庙檐部的复原图

（图片来源：Greek Architecture，Yale University Press，1994）

图 9-1-7　早期的多立克柱式

1.2.2.2　爱奥尼克柱式（The Ionic Order）

6 世纪末，源于小亚细亚的爱奥尼克柱式（图 9-1-8、图 9-1-9）成为小亚细亚地区希腊城市中应用的主要建筑形式。从爱奥尼克纤细的比例和一些细节中可以看出它受到木结构建筑的影响。其主要特征是带有 24 道凹槽的纤细柱身，以及特有的涡卷形柱头。额枋为两条或三条横向饰带，连续的檐壁，檐口没有檐托，檐口有（尤其在小亚细亚地区）齿纹和波纹装饰。这一时期雕刻式的装饰纹样代替了绘制纹样，但是色彩仍然使用在建筑中。制作精美的忍冬纹样和棕榈叶纹已经应用在檐口端头。另外一些主要的装饰元素如圆花饰（rosettes）在这个时期都已经出现。爱奥尼克风格的代表建筑是阿波罗神庙（the Apollo Temple，near Miletus）、以弗所的黛安娜神庙（the Temple of Diana at Ephesus）。

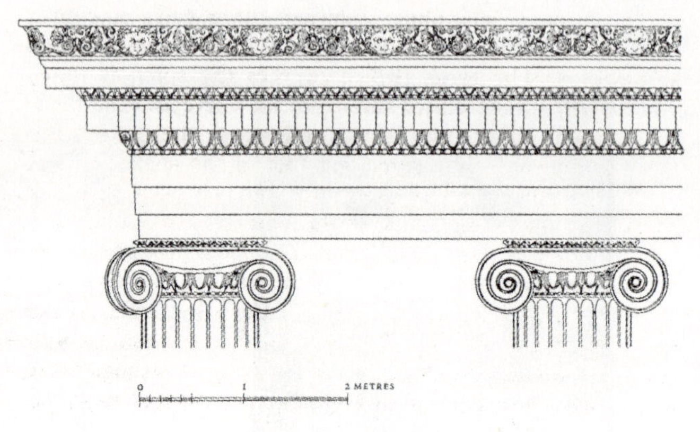

图 9-1-8　雅典娜神庙爱奥尼克柱式檐部复原图，Priene，334（图片来源：Greek Architecture，Yale University Press，1994）

图 9-1-9　雅典卫城中爱奥尼克柱头残片（图片来源：Greek Architecture，Yale University Press，1994）

1.2.2.3　科林斯柱式（The Corinthian Order）

科林斯柱式中的柱身更加细长，柱头是一排或两排莨苕叶（acanthus）（图 9-1-10）。这种柱式最早只用于小型建筑或柱廊等，并且装饰也受到严格的限制。到了罗马时期，科林斯柱式成为古代罗马建筑中最常用的柱式。

图 9-1-10　宙斯神庙中的科林斯柱式，雅典

1.3　建筑装饰

希腊建筑装饰是在一个有限范围中的高度完美表现，其艺术中的节制特征在建筑装饰中表现得最为突出。希腊艺术家用一种审慎的态度把握装饰的尺度和元素的分布，并用一种几乎完美的艺术技巧完成整个装饰工作。

1.3.1　装饰图案和纹样

希腊人在总结和吸收前人和周围地区图形文化的基础上，创造了一些基本的装饰母题，构成了希腊装饰的基本单元，并且她之后的整个西方古典主义的装饰纹样都是在此基础上发展和变化而来。

1.3.1.1　装饰母题

希腊装饰艺术的动人之处在于，它所表现出来的丰富性和多样性是基于对很少几种基本形态的创造性的变化应用，而不是通过创造各种各样的基本形态。装饰母题会在不同的装饰对象中表现出无尽的变化（例如不同建筑中的多立克柱头或是卵锚饰的形态都会有所变化）。古代希腊的装饰母题主要有三种类型：几何型、自然型和其他通用型。

（1）几何型。包括简单的点、圆和直线等6种：回纹（meander）、波纹（wave）、螺旋纹（the spiral），S形曲线（S-curve）、圆花饰（rosette）、扭索（guilloche）。

（2）自然型。包括植物形态的莲花、莲花蕾、棕榈、莨苕、藤蔓纹（vine）、忍冬纹等；以及动物造型的动物头像（图9-1-11）、爪、翼、狮身鹫首怪物（griffin）（图9-1-12）、狮头羊身蛇尾怪物（chimera）、斯芬克斯（sphinxes）；除此之外还有属于自然造型的花卉和水果构成的花结——垂花饰（festoon，swag）、牛头饰（bucrania），但是牛头饰在希腊晚期河罗马时期成为象征意义的装饰纹样；人、马和战争场景也是经常出现在希腊建筑装饰之中的题材，但是由于它们属于图像式装饰，而不是纯粹装饰纹样，因此不包括在上述内容中。

图9-1-11 陶制狮头装饰物

图9-1-12 石制雕刻狮身鹫首怪物（griffin）
（图片来源：拍摄于大都会博物馆）

（3）其他通用型。不包含在上述装饰母题中的建筑装饰纹样还有：线脚、柱身凹槽、齿状饰（dentils）、卵锚饰（egg-and-dart），以及从卵锚饰发展而来的轴珠饰（bead-and-reel）、天平（scales）等装饰。

在上述装饰母题中，莲花纹、卵锚饰和棕榈饰的母题起源可以追溯到古代埃及装饰。螺旋纹是所有民族都有的装饰纹样形式。枝状装饰是S线的组合，螺旋纹、忍冬纹和藤蔓纹是亚历山大时期发展来的主要纹样，并且成为之后罗马和中世纪建筑的主要装饰纹样。

1.3.1.2 线脚（Moldings）

线脚是一系列宽窄不一或凹凸变化的线性装饰，用于建筑构件、部位的交接和转折处，或重要部位的边缘，起到强调和划分的作用。希腊是第一个将线脚进行系统分类，并通过组合简单线脚创造多样效果的民族。建筑中最初使用的线脚为徒手绘制，之后发展为雕刻的三维造型，线脚中断面曲线的变化是线脚造型的关键。古代希腊建筑中常用的装饰线脚有以下8种（图9-1-13）：

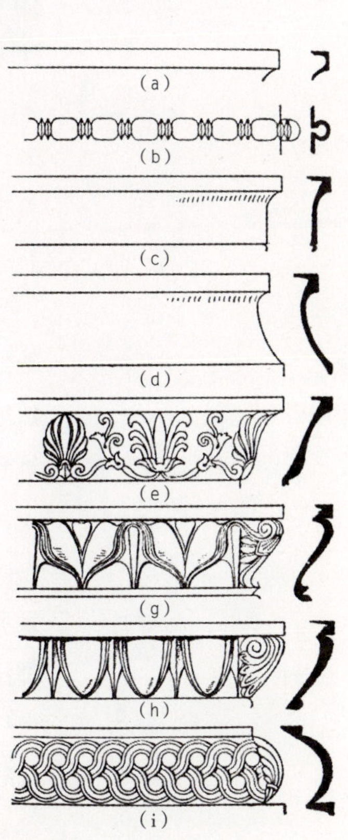

图9-1-13 古代希腊建筑中的线脚装饰

（1）带状线脚（fillet）：是一种窄边线脚，用于分隔多种线脚。

（2）轴珠线脚（bead-and-reel）：用途与 fillet 近似，弧形断面。

（3）凹弧线脚（cavetto）：浅凹造型的线脚，通常用于平整表面，位于带状线脚下方。

（4）凹形线脚（scotia）：深凹造型的线脚，通常用于柱子的基座或是视线以下的细部装饰。

（5）波状线脚（cyma recta）：名称来自于它的造型，cyma 的意思是“波浪”，为双曲线线脚——上凹下凸。表面经常装饰有忍冬纹，有时也不做任何装饰。通常与带状线脚组合使用。

（6）反波状线脚（cyma reversal）：与波状线脚一样是双曲线线脚，但是凹凸与其相反，通常用于强调轮廓的设计。

（7）卵矛饰线脚（ovolo or echinus）：是蛋形线脚，完全凸起，装饰有卵矛饰纹样。

（8）凸线脚（torus）：尺寸较大的凸型线脚，用于柱基，上下各有带状线脚。有时装饰扭索纹（图 9-1-14）。

图 9-1-14 Didyma 的阿波罗神庙残留柱础中的线脚和雕刻纹样

值得注意的是，古代希腊建筑线脚的曲线多是基于抛物线、双曲线或由椭圆形切割而来，很少出现正圆形切割而来的曲线造型。这些精致的曲线赋予了古代希腊线脚特有的美感。

1.3.2 造型装饰

古代希腊建筑中的造型装饰应用得十分集中和节制，主要部位有屋顶、檐部、柱头和基部。丰富的光影变化由此也集中在这几个建筑构件的主要交接部位，装饰与建筑结构自然地结合为一体，以极其优雅的方式诠释了希腊建筑的特征。装饰的结构性是古代希腊建筑装饰最突出的特征。

1.3.2.1 雕刻

希腊建筑的边缘通常装饰雕刻或绘制纹样，多立克柱式中的装饰纹样经常是绘制形式，爱奥尼克柱式中的装饰纹样往往以浅浮雕的形式表现。不同位置装饰纹样的形态和轮廓线都经过精心的调整，以适合于纹样所占据的空间。例如柱顶盘和带状边缘，纹样多选用几何纹样；而装饰柱基等曲面时，则选用忍冬纹、卵矛饰等各种曲线特征的纹样。建筑中雕刻纹样的轮廓永远与建筑或建筑构件的轮廓保持一致（图 9-1-15）。

各种建筑部位和构件的收口处也通常加以雕刻，以突出、强调这些重要部位。例如爱奥尼克柱头下方和柱颈处的卵矛饰或其他图案的使用（图 9-1-16）。

图 9-1-15 希腊建筑残片中边缘处的雕刻图案

图 9-1-16 希腊建筑柱头中柱颈处的雕刻图案

1.3.2.2 造型构件

希腊建筑的轮廓线中重要的转折和交接部位，往往会加入小型构件装饰，以强调轮廓的变化。最典型的例子就是放置在屋顶的棕榈叶饰（图 9-1-17），以及沿口处排水沟端头的狮头造型装饰。

图 9-1-17 希腊建筑中棕榈叶造型屋顶装饰构件

1.3.3 色彩装饰

1.3.3.1 陶制建筑装饰

彩色陶饰（terra-cotta）在古代希腊石制建筑和木制建筑中的应用由来已久，之后在一些重要建筑中，着色大理石装饰取代了一些陶制装饰物。这些陶制装饰主要用于檐口端头、屋面（瓦）、雕塑装饰的基底等，建筑陶制装饰构件所采用的纹样大多属于陶制器物纹样，并着有丰富的色彩——红色、黑色、绿色和黄色是主要颜色。主要应用纹样有：波形纹、扭索纹、忍冬纹等，这些纹样也出现在晚些时候的大理石彩绘中。除了装饰纹样之外，彩色陶饰的内容还有一些神化题材的场景和人物（图 9-1-18、图 9-1-19）。

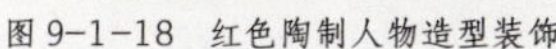

图 9-1-18 红色陶制人物造型装饰

图 9-1-19 彩色陶制植物造型装饰
（图片来源：拍摄于大都会博物馆）

1.3.3.2 彩绘装饰

从一些考古发掘的建筑遗址的碎片推断，古代希腊建筑物的很多构件上都敷有色彩：彩色线脚装饰；建筑檐部色彩强烈的单色底色；有时建筑外部墙体也会上色；室内墙面绘画，彩色的天花板（希腊建筑室内天花是木制材料）。遗憾的是有关希腊建筑的室内装饰色彩已经没有遗留的实物供我们研究，而发掘的室外的装饰碎片也由于年代久远很难还原它们真正的颜色。一些古迹复原专家曾表示，希腊建筑的装饰色彩是明亮的色彩搭配，但是这只是一种推测（图 9-1-20）。

图 9-1-20 世纪考古学者对古代希腊建筑的彩色复原图
（图片来源：European Architecture 1750-1890, Barry Bergdoll, Oxford University Press, 2000）

希腊建筑中的彩绘装饰的主要目的是强调建筑的轮廓。平整的表面，例如檐口或是多立克柱式的柱顶盘经常绘有波浪纹、扭索纹，以及最常用的忍冬纹样。这些纹样通常绘制在陶板上或大理石上。

1.4 装饰风格概括

希腊建筑装饰的特点可以概括为：非象征性的自然性造型装饰；装饰组织结构严谨；带有节制性的装饰。在埃及的建筑装饰中，色彩处于主导地位，但是希腊装饰艺术中色彩装饰则是次要的，造型作为对轮廓、线条、光影的表现是控制全局的因素。希腊民族可以说是第一个热爱纯粹的造型美的民族，完全区别于古代埃及的象征性装饰，他们坚持追求完美的、理想的形体，也正是这个特性赋予了希腊造型艺术永远的美丽和生动。

希腊装饰艺术中的图案很少（我们可以与丰富的中国传统建筑中的图案对比一下），但是所有的希腊装饰对结构的强调十分明显，在各个装饰元素中明确的组织结构和逻辑关系是希腊装饰最显著的特征。这种组织性还表现在装饰自身的设计，每一个元素绝不是简单地堆放在一起，而是有机的连贯的结构，这一点在希腊建筑装饰中尤其突出。

希腊装饰的另一个重要特征是它的节制性。希腊建筑中的装饰总是集中在最合适的位置，从不过多地堆砌纹样和造型。如果将希腊建筑装饰与罗马建筑装饰进行对比，就很容易理解节制对于希腊建筑装饰的重要。

罗马对希腊和其附属地的征服战争开始于公元前 3 世纪末，以公元前 146 年的科林斯湾的失守而告终。对希腊的征服，不但使罗马人了解到希腊精美绝伦的艺术成就，罗马人还在征服过程中掠夺了无数希腊艺术珍品，希腊的艺术家也成为了服务于罗马权贵的仆从。从此，罗马的建筑风格和艺术品位开始转变，罗马城市伊特鲁里亚（Etruscan）从之前的陶土、木制、砖制的建筑转变成使用希腊的建筑材料——石材。希腊建筑中的柱式迅速地与当地的柱式相结合形成了新的柱式风格；伴随着新的建造工艺和程序的发展，装饰工艺技术在罗马时期得到了极大的发展，青铜铸造、模制灰塑（stucco）以及壁画技术都在这一时期发展到了顶峰。

第2节 古代罗马

2.1 背景与风格特征的形成

在国家体制上，古代罗马与古代希腊的情况截然不同。希腊是由一些不停争斗的城邦，由于种族、宗教信仰和语言相同而建立起来的城邦关系；而罗马则是不同种族的人使用着不同的语言，有着不同的宗教信仰，被收纳在一个高度秩序化的军事帝国中。虽然罗马人缺乏希腊人优秀的艺术和哲学才能，但是在其他方面罗马人显示出惊人的能力。他们有强大的组织和管理能力，以及对所有事物的执行力和推动力。随着对其他地区的征服，罗马人积累了大量财富，并发展出了一种奢侈、华丽的艺术风格，尽管这种风格大多源自其他文化，但是罗马人总是能够适时地加入自己的元素和特征，将其转变为罗马艺术。

2.2 建筑和装饰的关系

2.2.1 新的建造体系

券拱技术是罗马建筑最大的成就，也形成了罗马建筑最突出的特点。并由此带来了建筑的空间形式、结构体系、材料选择，以及装饰艺术的变化。促进罗马券拱结构发展的是天然混凝土，其主要成分为活性火山灰和碎石。公元前 2 世纪，混凝土成为主要的建筑材料。

由于建筑的结构材料多数为粗糙材料，如混凝土、碎石，只有一些局部如檐口、柱子、雕塑等保留了精致材料的使用，因此无论是建筑室外还是室内的表面，都需要另一层精致饰面以掩盖结构的丑陋表面。作为饰面材料的石膏花饰、马赛克、大理石贴片，被大量地使用到建筑当中。这种建造体系从根本上区别于古代希腊建筑的建造工艺——石材和大理石是唯一的建筑材料。在希腊建筑中，除了绘画和独立的雕塑之外，装饰是构造的一部分，或者说是直接在构造材料上进行工作；而在罗马建筑的建造系统中，装饰是在主体结构完成之后的再一次的施工工艺。

通过利用他们天才的管理能力，大量的军队人员和没有经验的工人被组织到一起，建造了从未有过的巨大尺度的券拱。新的建造体系使大量没有技术经验的奴隶、战士和贫农可以在有组织的情况下迅速地完成大量结构建造，而将精细的装饰工作留给艺术家慢慢完成。

2.2.2 柱式

罗马建筑中另一个突出的特点是对柱、壁柱的应用。柱式在罗马时期由希腊的 3 种柱式发展到 5 种：塔斯干（Tuscan）柱式、多立克柱式、爱奥尼克柱式、科林斯柱式和混合柱式，并且柱式的一致性远远大于希腊时期。但是罗马人对希腊的多立克柱式和爱奥尼克柱式都作了相当大的改动，各种柱式相应的额枋、檐口也不同于希腊时期的样式，最突出的改变就是增加了大量装饰细节。

罗马建筑中的柱子绝不仅仅是作为结构的支撑，或是支撑门廊、柱廊这种功能性的使用，很多情况下其装饰意义大于功能意义。例如在拱廊的设计中，在柱墩之间加入圆柱，作为一个整体起到承重的作用，但是圆柱在其中更重要的意义是视觉上的感受问题，而不是结构需要，是在视觉感受上强调竖向支撑感，并将建筑的立面分割、组织成一个一个单元，形成光影和阴影，将整个拱廊调整到视觉上的平衡状态（图 9-2-1）。

罗马人还发明了壁柱，作为对真实结构的一种装饰反映（图 9-2-2）。一些装饰柱和壁柱的柱身保留了希腊柱身的凹槽，也有一部分仅是平滑的柱身，柱身的装饰由凹槽变为色彩丰富的大理石，尤其到了帝国晚期彩色大理石柱身成为罗马建筑的一个突出特征。

图 9-2-1　罗马斗兽场中柱式的装饰表现
（图片来源：拍摄于罗马）

图 9-2-2　提图斯凯旋门（the Arch of Titus）中壁柱造型
（图片来源：Classical art, Mary Veard and John Henderson, Oxford University Press, 2001）

2.2.3　天花和装饰

罗马建筑的木制天花没有现存实例，我们只能对拱券天花进行讨论。拱顶装饰一般分为两种：第一种是石膏花饰（stucco），有时装饰有线脚或绘制色彩；第二种是凹格装饰（coffers），例如万神庙的方形拱顶藻井（图 9-2-3）和提图斯拱门（the Arch of Titus）中的各种几何形状（方形、八边形等）藻井。

图 9-2-3　罗马万神庙中的天花造型
（图片来源：拍摄于罗马）

2.2.4　墙面和装饰

墙面装饰主要有三种形式：大理石贴面、壁画和灰塑（石膏花饰），这些装饰应用在各种建筑形式中，如神庙、宫殿、富有的家庭的住宅等。室内墙面的下部通常使用大理石贴面装饰，有观点认为这种装饰的原型来自于小亚细亚，装饰性除了表现在材料本身的质地和色彩之外，另一个重要特点是应用大理石自身的纹理，以对称的形式进行拼贴，产生几何式的图案效果（图 9-2-4）。古代罗马时期的大理石墙面贴饰几乎没有保留下来，大部分在中世纪被从原有建筑拆卸下来使用在新的建筑当中。这种装饰手法，在一些早期基督教和拜占庭教堂中可以看到实际的装饰效果。

图 9-2-4　中世纪教堂中大理石贴面装饰，墙面的图案变化来自石材的天然纹理

2.2.5　地面装饰

罗马时期最为杰出的地面装饰是马赛克地面，在第 1 部分第 5 章中曾经介绍过精美的古代罗马马赛克工艺，以及精美无

比的亚历山大马赛克。罗马时期的建筑中，马赛克地面几乎充满整个建筑，根据空间大小的变化，马赛克中的图案也会随之而变，面积较大的一般为叙事性图像，面积小的则是一些图案或纹样（图 9-2-5）。

图 9-2-5 庞贝城中最大房屋 House of Faun 马赛克地面
（图片来源：Art in Renaissance Italy, Evelyn Welch, Oxford, 1997）

2.3 建筑装饰

2.3.1 纹样的改变

为了进一步充实建造系统中的装饰细节，罗马人早期雇佣了大量的希腊艺术家，并沿用了诸多希腊建筑装饰，如线脚、忍冬纹、枝状装饰纹样等等。在应用的同时罗马人必须对希腊装饰做出调整，主要原因是罗马建筑在体量上的巨大变化。古代罗马建筑通常是多层建筑，并且尺度庞大，应用于希腊建筑的主要装饰元素——雕塑不可能再使用在罗马建筑当中——在如此巨大的建筑中使用雕塑无疑是无谓的浪费。因此，可以不断重复的纹样雕刻形式成为了罗马建筑装饰的主要形式。

例如罗马建筑中常用的莨苕纹，与希腊莨苕纹相比较，罗马莨苕纹样造型更为轻巧，叶形更为柔和，描绘更为细腻（图 9-2-6）。整个纹样造型纤细，叶形变大，组合更加复杂和多样，纹样中心出现“眼（eyes）”。藤蔓纹样也是在希腊纹样的基础上发展而来的最重要纹样之一，是建筑装饰纹样历史中除了莲花纹之外衍生最多的纹样。枝状纹在罗马纹样中更注意花朵和叶子的形态，卷曲涡状的干茎从莨苕叶中生长出来，每一个茎端都是包裹状的叶片作为终结。剩余出来的空间经常被填入次要的涡卷，有时也会加入鸟、鼠或昆虫等小型动物。

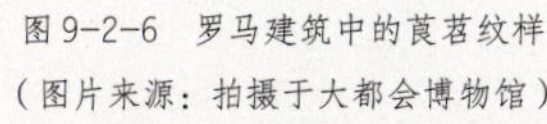

图 9-2-6 罗马建筑中的莨苕纹样
（图片来源：拍摄于大都会博物馆）

另一方面，希腊建筑的线脚也被重新组合，减少了希腊线脚的微妙变化。几乎所有的重要纪念性建筑中的线脚上都有雕刻的纹样，装饰得更为细腻（图 9-2-7）。即使在尺度巨大的建筑中，罗马建筑的装饰仍保持着美丽、文雅精致的品质。

图 9-2-7　万神庙中残留的古代罗马线脚造型
（图片来源：拍摄于罗马）

Grotesque 奇异装饰

"Grotesque"一词产生于 15 世纪，用于描述一种装饰系统。在 15 世纪前后，意大利发掘出重要的 Domus Aurea——尼禄皇帝的宫殿，以及其他古代罗马时期的建筑。在这些建筑的室内装饰中出现了一种为 15 世纪人们所不熟悉的阴暗、压抑的装饰形式，这些装饰中经常出现一些奇特的、夸张的形象，因此被称为奇异装饰——grotesque。这些装饰完全有悖于古典艺术的原则，以表现非叙事性、非自然性的不存在的对象为主。

2.3.2　造型装饰

2.3.2.1　雕刻装饰

装饰性的雕刻水平在罗马时期达到了一个顶峰，科林斯柱头、线脚、檐口、饰带都雕刻有丰富的通用纹样。前面提到，这些纹样多是由希腊纹样发展而来。除了雕刻之外，很多造型装饰的工艺和技术也是由希腊继承而来，例如陶饰。从工艺上讲，希腊和罗马的造型装饰没有本质的区别，但是罗马造型装饰的内容和表现形式却从希腊的神话题材转为世俗题材，人物形态也从之前对理想美的追求转化为对世俗美的描述，人物更为生动和性感（图 9-2-8）。

图 9-2-8　室内装饰陶板，罗马，1 世纪左右
装饰陶板通常用来装饰公共浴室、私人住宅等建筑的室内墙面，图中的陶板是由模具制成。
（图片来源：拍摄于大都会博物馆）

2.3.2.2 灰塑（stucco）

罗马人另一个重要的发明就是石膏花饰，这是在西方建筑装饰，尤其是室内装饰中最重要的装饰方法之一。罗马时期的灰塑材料是由大理石粉末和石灰合成的一种坚固的装饰材料，多数由手工翻制的工艺技术加工而成。被装饰的区域被分割成不同的几何形状，形状的边缘通常装饰带有卵矛饰等装饰纹样的线脚，中间部分的装饰通常有绘画、玻璃马赛克或灰塑制成的浮雕。这种装饰形式出现于公元前 1 世纪，在中世纪时期几乎失传，到了文艺复兴时期被拉斐尔和他的学生创造性地重新应用到室内装饰中，在巴洛克时期发展到极盛（图 9-2-9）。

图 9-2-9 灰塑（stucco）1 世纪下半叶

通常用于装饰室内墙面的上部或天花，图中的灰塑是技术高超的艺术家在石灰未干之前，迅速地在上面雕刻而成，具有极高的艺术品味。

（图片来源：拍摄于大都会博物馆）

2.3.3 色彩装饰

古代罗马建筑中的色彩十分艳丽，这与他们对世俗享乐和感官刺激的追求不可分割。在建筑中担负起色彩装饰的主要是马赛克装饰和壁画装饰。古代罗马建筑中的壁画装饰可以保留下来主要得益于被火山吞噬的庞贝古城得以完整地被保留。从庞贝壁画（图 9-2-11）和考古学家根据遗址情况绘制的复原图（图 9-2-10），可以清晰地感受到古代罗马时期住宅中丰富的色彩应用。当时的色彩装饰不仅使现代的人们为之惊叹，早在文艺复兴古代罗马的遗迹被发掘时，出土的建筑室内装饰极大地影响了文艺复兴的艺术家。

图 9-2-10 庞贝遗址 House of Faun 的复原图

（图片来源：Classical art，Mary Veard and John Henderson，Oxford University Press，2001）

图 9-2-11 庞贝中色彩绚丽的壁画装饰

（图片来源：Classical art，Mary Veard and John Henderson，Oxford University Press，2001）

2.4 风格概括

2.4.1 新的装饰系统

古代罗马建筑装饰最重要的特点是由于新的建筑材料的使用和新的建造体系的建立，创造了装饰与结构相分离的装饰方法。装饰是在主体结构完成之后进行的再次施工，这种施工方法类似于现代建筑的建造和装饰施工工艺。20 世纪初，建筑评论家曾对这种建筑装饰方法提出了严厉的批评，认为外层的装饰表面是一种虚假的、非逻辑的处理，掩盖了真正的建造美感。

在罗马建筑当中，希腊建筑的一些结构性建筑构件成为了装饰构件。古代希腊柱式的建筑结构功能转化为一种装饰语言，柱子和壁柱在建筑立面中的使用很多情况是对于结构的表现性的说明。

2.4.2 装饰的奢侈性

罗马建筑另一个突出的特征是装饰形象的华丽和壮观。古代罗马帝国庞大的版图、雄厚的财力，以及对其他地区不断的征服都造就了罗马人对奢华和荣耀的追求，和平富足的年代又滋长了罗马人对世俗生活的追求。罗马的装饰艺术，尤其是建筑装饰艺术，总是伴随着个人享乐的情结，表现出来的是充满细节、壮丽无比的效果。不同于希腊装饰的节制和文雅，罗马的装饰艺术形式更为多样和富于变化。

本章总结

延续性

古代罗马的建筑装饰是对古代希腊装饰艺术的一种延续。尽管罗马人创造了诸多新的建筑技术和工艺，但是在装饰方面却极大地保留了希腊的建筑装饰元素。希腊装饰的大部分装饰母题仍应用在罗马建筑当中；罗马建筑中的主要纹样是由希腊纹样改进而来；希腊柱式的外貌特征基本得到了保留；装饰构件的制作工艺也被继承了下来，并得到了进一步发展等。诸多方面都表现出希腊装饰艺术与罗马装饰艺术在建筑领域的传承关系。这种传承关系是西方古典建筑装饰中最重要的特征之一。

古典的艺术原则

希腊和罗马装饰艺术的基本原则是一样的——对真实事物的模仿和复制。公元前 5 世纪希腊哲学家恩培多克勒 Empedocles（公元前 490 年—前 430 年）就提出艺术家创造的绘画应与真实世界相对应，这也是古典文化的本质——对世界的再现，是外在世界的反映。这与古代社会其他一些文明有本质的区别，埃及和犹太(Jewish)装饰文化中强烈的象征意义截然不同。古典艺术只是为创造真实世界的和谐，从所有美的对象中提炼出理想美的形式。装饰艺术的想象遵从自然主义和叙事性原则。只有在罗马的怪异装饰中出现了违背这一原则的装饰形象，但是仍无法影响其自然主义的装饰原则。

罗马人在古代希腊建筑装饰艺术的基础上，发展出来更为丰富的装饰语言。建筑装饰在罗马建筑中已经不仅仅是纹样和图案，大量使用的壁柱和装饰柱；门、窗和壁龛上方的三角山墙；退层的拱门，以及深陷的天花嵌板，这些看似结构的装饰物成为西方古典建筑中最重要的装饰形式，在罗马之后的年代被不断地使用。罗马帝国晚期创造了更多的建筑装饰形式，断开的曲线三角山墙、螺旋的柱、壁龛上贝壳形式的装饰物等，这些装饰造型 1000 年之后在意大利再一次得到了复兴。

第10章 西方古典建筑装饰语言之文艺复兴和巴洛克

第1节 文艺复兴的含义

文艺复兴（Renaissance），是指针对中世纪的思想变革，这场变革带来了新的思想和思维方式，并奠定了西方现代知识和文明的基础。这场运动强调个体在知识上的自由，个体的学习权利，同时也有自身推理和评价的权利——有权利反对教会或地方指令。这种古典知识的复兴，使艺术得以从教会的完全控制之中解放出来，造型艺术就此沿着一个新的方向发展，新的自由的批判精神使艺术家开始寻找新的灵感来源。

文艺复兴时期是一个辉煌的时代，西方在经历了中世纪的黑暗时期之后，随着经济的发展和文明的复苏，装饰艺术再一次到达了一个前所未有的高峰。15世纪的意大利人将他们个人的生活与对社会和政府的服务逐渐地加以区别。在这个时期，随着意大利商人财富的不断增加，人们的生活也开始从宗教世界转入世俗世界。建筑的兴建不再仅限于教堂，其他公共建筑和私人的府邸建筑开始成为不可忽视的重要建筑类别。个人对奢华的建筑、花园的追求不断增长；公众的自豪感和空虚感使得一大批壮丽的陵墓和纪念性建筑修建了起来；个人对生活的要求产生了全新的华丽的服饰、家具。所有的艺术都在这种刺激下向着一个出人意料的方向发展。这一切都伴随着意大利对知识的全新的态度，对过去的质疑，以及伴随着质疑产生的冒险的研究。正是意大利人这种独立的，对权威、历史、自然和宇宙的质疑精神，为今后的西方现代科学和知识奠定了基础。

1.1 时期划分和各时期的主要特征

文艺复兴运动起源于意大利，与它的城邦、自治市，以及中部、北部的手工业行会有很大关系。它并不是一场突发的革命，而是一个循序渐进的缓慢过程。早在12世纪，这种知识上的觉醒就已经发生在教区内外。历史学界习惯性地将文艺复兴划分为不同的时期，这是一种主观的划分，是为了研究的方便——这些时期之间不存在突发性的转变。对于文艺复兴的结束历史学家们也各持己见，有人将1560年作为结束时间，而有人将结束延至17世纪，甚至18世纪，有的历史学家认为文艺复兴在现代社会仍然在思想上影响着西方社会。但是对于文艺复兴的艺术来说却是不一样的，18世纪的政治革命和19世纪的工业、社会革命使艺术开始向另一个全新的方向发展。

本教材将使用广义的文艺复兴的概念，即从 1420 ~ 1800 年；而“现代装饰”是指 19 世纪和 20 世纪这一段时期。为了研究方便，根据艺术风格的转化，将文艺复兴划分为以下几个时期：①早期文艺复兴，从 1420 ~ 1490 年或 1500 年，是文艺复兴的早期发展时期，又称为 the Quattrocento；②中期文艺复兴（High Renaissance），从 1490（或 1500 年）~ 1560 年前后，是古典思想的价值体现和技术的成熟期，又称为 the Cinquecento；③文艺复兴晚期（巴洛克时期），从 1560 ~ 1650 年或稍晚，是古典主义形式与奇异造型的斗争时期，并伴随着腐朽品位的增加；④文艺复兴的衰落和新古典主义崛起时期，从 1650 ~ 1800 年，文艺复兴的优秀品位开始丧失，巴洛克时期造型艺术让位于对罗马艺术缺乏想象的复制；其中，第三阶段和第四阶段是一个缓慢的衰退过程。本章主要介绍从文艺复兴的初始到巴洛克时期。

1.1.1 早期文艺复兴（the Quattrocento）

文艺复兴萌芽在 14 世纪，甚至 13 世纪就已经出现。古典建筑中的柱身、柱头、拱顶和水平檐部，以及莨菪纹饰在意大利从来就没有失去生命力。例如，佛罗伦萨大教堂（Florentine Duomo）入口的伪哥特式装饰，实际是古典的莨菪纹样和藤蔓纹，并且之后成为了文艺复兴时期最主要的装饰纹样。对于意大利人来说，罗曼风格建筑本身就是从罗马建筑发展而来，而哥特式实际上是对建筑地域性自然发展的一种干扰。建筑转回到古代建筑体系，只是回到原本的道路上而已。

尽管文艺复兴在中世纪就已经初露端倪，但是直到 15 世纪才在佛罗伦萨得到了全面的、稳定的发展。佛罗伦萨，作为意大利最具艺术气质的城市（图 10-1-1），有着最富有独立情绪的民众，和最有活力的知识的传播，因此也最有条件接受新的思想与新的艺术。15 世纪下半叶，佛罗伦萨，包括其周边城镇在内的托斯卡纳地区（Tuscany）聚集了一大

图 10-1-1 佛罗伦萨

批装饰大师——雕塑家、金匠、木匠等，这些手工艺人具有完美的技术和很高的艺术品味，他们当时创作的作品在今天被当作无价之宝。但是也有历史学者指出，正是由于这些手工艺人缺少对建筑结构的认识，因此在早期的佛罗伦萨没有出现优秀的建筑装饰作品，对于建筑，他们更多的是出于装饰角度的考虑，而忽视了结构的本质，尽管有些建筑看起来那么美丽，但是缺少结构的表现力。

1.1.2 中期文艺复兴（High Renaissance）

16 世纪初，意大利的艺术特征开始发生变化，形成了新的艺术趣味。建筑和装饰艺术逐渐失去了早年的天真气质以及那些精致、微妙的细节，取而代之的是巨大的体量和庄严的构图。这种风格是由当时成熟和多样的技术所决定，也是对知识和制造能力的表现。造成这种变化的最重要的 3 个因素如下：

（1）印刷技术的发展促进了学习和知识的广泛传播。古典知识重新被研究；对古典艺术更了解；遗留下来的建筑遗址开始得到仔细的测量和绘制，古代罗马的建筑原则被进一步学习和分析。阿尔伯蒂的《建筑论（De Re Aedificatoria）》在 1474 年出版，与维特鲁威一样，阿尔伯蒂对古典柱式的理想比例进行了系统的研究和总结。建筑师成为了一个带有专业性、知识性的工作，区别于画师、金属工艺匠人，以及其他手工艺工作，是一个基于理论知识和艺术灵感的工作。

（2）绘画的巨大进步。绘画从中世纪为宗教服务、装饰教堂，发展为通用的艺术，这种艺术是基于对自然的学习和对现实生活、人物和物体真实表现的愿望。人体解剖学、透视法则和油画的发展，都促进了艺术的进步，并且使绘画成为室内装饰最重要和最特殊的装饰元素。

（3）出现了一大批建筑师和装饰艺术家。伯尔曼蒂（Bramante）、波鲁兹（Peruzzi）、桑卡罗（Antonio di San Gallo）父子、Sammicheli、阿莱西（Galeazzo Alessi）、Serlio、维基诺拉（Vignola）、帕拉蒂奥（Palladio）和米开朗基罗（Michelangelo）；拉斐尔（Raphael）和他的三个学生罗马诺（Giulio Romano）、乌迪内（Giovanni Udine）、Perino del Vaga；达・芬奇（Lionardo da Vinci）、提香（Titian）、Tintoretto and Paolo Veronese，正是这些不朽的天才艺术家创造了意大利文明史上最辉煌的时期，被称为文艺复兴的黄金时期。

这个时期，罗马教皇的权势和财富不断增加，成为当时艺术最主要的资助人，不仅仅资助了圣彼得教堂和其他教堂的修建，还进行了一系列的宫殿、别墅、喷泉、园林的修建和装饰。艺术活动的中心在这个时期由佛罗伦萨转到罗马。在建筑方面，无论是结构构件、门窗的装饰，还是内庭院的柱廊，与之前年代相比都更符合古代标准，精致的尺度关系、生动的浮雕又回到了建筑当中。这种庄严的、带有知识气质的建筑精神主导着所有的装饰艺术。这是一个生活精致而高雅的时代，也正是在这个年代文艺复兴艺术传播到法国、西班牙和德国，而荷兰和英国也间接从法国和西班牙那里受到影响。

1.1.3 文艺复兴晚期（The Later Phases）

16 世纪下半叶，是文艺复兴的顶峰时期，同时也是意大利艺术衰退的开始。在对古代元素一次次的创新之后，是一种大胆的，甚至不当的创新尝试。帕拉迪奥（Palladio）、米开朗基罗（Michelangelo）、波尼尼（Bernini）和波罗米尼（Borromini）共同将这种设计倾向引向了一个壮观、华丽的风格——矫饰主义风格。矫饰风格也是备受争议的风格，一些历史学家认为这是一种虚假的、俗气的华丽风格。1543 年耶稣会（Jesuit Order）成立，并迅速地掌握了大量的财富和权利，这一时期的教会建筑充满了大量表现教会地位与权势的华丽风格，这种风格被称为巴洛克风格（Baroque）。

1.1.4 古典主义的复兴

18 世纪开始，出现了一种强烈的反对巴洛克风格的情绪，设计师们，无论在建筑设计还是装饰设计上都重新回到了对古典主义的学习中，从而创造出了一批带有明显古典主义气质的、严肃的、庄重的作品，但是同时之前的那种活跃的创造生命力也开始衰退，各种艺术风格都表现出异乎寻常的冷酷。

1.2 风格的传播

从佛罗伦萨开始的艺术风格，在 1450~1470 年缓慢地向周围传播，至 1480 年几乎传遍了整个意大利半岛。佛罗伦萨、威尼斯和罗马三座城市成为最重要的发展和传播中心。15 世纪末，文艺复兴运动传入了德国南部、匈牙利和波希米亚地区；传入法国是在意大利与法国的战争中进行的，弗朗西斯一世（Francis I）使这一外来风格成为了正式的法国皇家风格，但是由于其独特的造型，这种风格被认为是一种新的法国宫廷风格；西班牙人在帕维亚（Pavia）战役中，将新的风格带回，并与本地风格相结合；亨利八世（Henry VIII）将新的建筑风格带回了英国；荷兰从德国那里获得一些影响，而弗兰德斯地区（Flanders）受到意大利和法国的影响较多。直到 16 世纪中叶，哥特式设计才从北欧和西欧逐渐消失。俄国、希腊和土耳其受意大利文艺复兴的影响比上述国家要晚 1 个世纪，并且从未放弃自己本国的风格。但是 17 世纪的巴洛克风格却对这些国家造成了深刻的影响。

第 2 节 建筑和建筑构件的变化

最初吸引 15 世纪意大利艺术家注意力的是古代罗马文明所遗留的艺术作品的装饰细节，尤其是建筑的线脚、柱头，以及藤蔓花纹装饰。最初，艺术家只是对这些遗留的物品进行片断性的学习，对于这些古代罗马的建筑细部进行模仿。当然，他们的模仿并不是直接的复制，而是一种自由的重新诠释。在波罗涅列斯基或阿尔伯蒂的作品中，并没有出现罗马的柱式。可以说在 1510 年之前，意大利几乎找不到正确的科林斯柱式和檐部的应用。但是对于 15 世纪意大利的艺术家来说，传统的额枋、檐壁和檐口的组合并不陌生，他们将这些熟悉的元素自由地组合在一起。

2.1 柱式和建筑

14 世纪的意大利建筑保持着很多中世纪建筑的特征，这一时期的建筑经常出现古代罗马和中世纪元素的混合应用，并且有着不同的比例关系。对于古代罗马的五种柱式的应用，并不是古典的正确应用，更接近从古典柱式得到提示后的自由的改造。文艺复兴早期，改良版的科林斯柱头成为艺术家最喜爱的柱头造型。柱头装饰从原有的两行 16 片莨苕叶简化为 4 片，“涡卷”也由以前的 8 个减少为 4 个；多立克柱式在文艺复兴时期从未得到广泛的使用；经过变异的爱奥尼克柱式有时会出现在一些建筑中；除了科林斯柱式之外，混合柱式使用较为常见。柱身与之前的罗马建筑区别不大，带有凹槽或没有；壁柱的表面经常装饰有枝状纹样，或蔓藤纹样雕刻，这种在罗马时期使用不多的装饰手法成为了文艺复兴早期和中期最主要的壁柱装饰。柱子和壁柱的基座主要仍是雅典风格，几乎不做任何雕刻装饰。

文艺复兴中期，根据维特鲁威的原则和对遗留建筑的研究，建筑师明确了柱式的各种细节。五种柱式——多立克柱式、爱奥尼克柱式、科林斯柱式、塔斯干柱式和混合式都得到了明确。16 世纪的文艺复兴建筑逐渐放弃了 15 世纪流行的那些各种各样的科林斯柱式，而使用与罗马时代一致的多立克柱式、爱奥尼克柱式和科林斯柱式，有时也使用混合柱式。

柱式在 15 世纪再次成为建筑立面和室内墙面的装饰元素。1451 年建造的佛罗伦萨鲁西里亚宫（Rucellai Palace）就使用了壁柱将立面分成单元；阿尔伯蒂在里米尼的圣弗朗西斯科教堂（San Francesco，Rimini）和曼图亚的圣安德立亚教堂（San Andrea，Mantua）分别使用了壁柱和圆柱装饰立面；波罗涅列斯基则在帕兹礼拜堂（Pazzi Chapel）的室内使用壁柱作为装饰（图 10-2-1），将建筑外立面的装饰语言引入了室内。在这个设计中，在室内使用壁柱实际是对建筑结构的一种视觉表现，同时，室内墙面被带有柱头装饰的壁柱划分为若干区域，柱间的墙面成了进行装饰的主要地方。这种设计方案，成为当时相当普遍的室内墙面装饰形式。文艺复兴中期末，巨柱式（colossal order）开始被使用，这是一种贯通两层的巨型壁柱或圆柱，极大地改变了立面的视觉感受（图 10-2-2）。

图 10-2-1　波罗涅列斯基在帕兹礼拜堂的室内装饰中对壁柱的使用（Pazzi Chapel），Santa Croce，1429 ~ 1461

图 10-2-2　贯通建筑的巨柱式，米开朗基罗，卡比托里山，罗马

柱式在建筑中多样的装饰性应用，进一步要求建筑师对建筑的尺度、比例关系、虚实关系，以及那些艺术性的线脚和束带进行更细致的研究。建筑师通过小心翼翼地分析建筑各层的比例、间隔、开窗的尺寸和形状创造了一种依靠线脚、装饰带、窗饰形成的，有着和谐节奏的立面风格。这种新的柱式装饰方法的代表作品有：佛罗伦萨拉斐尔设计的潘多菲尼宫（Pandolfini Palaces）、罗马的法纳斯宫（the Farnese Palace，1530 ~ 1546)。由于这一时期对建筑的纪念性和庄重性的追求，之前那些柱面的藤蔓装饰和烛台纹样的装饰在建筑中完全消失。

2.2　门、窗

文艺复兴时期的建筑入口通常是拱形或方形，周围有丰富的边饰，被壁柱环绕，上方设有门楣或三角墙（图 10-2-3）。整个时期，建筑入口的设计极为丰富，变化多样，做概括性描述十分困难。例如，如果门的材料是木制，通常嵌有方形嵌板；如果是铜制大门，则嵌板上有丰富的雕刻装饰，例如 Ghiberti 为佛罗伦萨洗礼堂（the Baptistery ）设计的东门。

图 10-2-3　Pazzi Chapel 的入口设计，波罗涅列斯基，Santa Croce，1429 ~ 1461（图片来源：自拍）

通常情况下，窗属于建筑设计的范畴，但是文艺复兴时期窗中的大量装饰使这个建筑元素被纳入到我们的研究。早期建筑的窗装饰较少，通常被壁柱和小山墙环绕。直到文艺复兴中期，窗的装饰造型才成为顶部有小山墙、旁

图 10-2-4 罗马皮亚门，米开朗基罗，1561 ~ 1565

边有小壁柱的形式。在文艺复兴末期与巴洛克风格早期，米开朗基罗对建筑开口的处理最具有装饰特征（图 10-2-4）。

2.3 栏杆 (Balusters)

我们所熟悉的西式栏杆样式，是文艺复兴时期意大利人发明的。古代罗马没有任何这样的栏杆，栏杆是由矮墙，以及木条、铜条和扶手构成；在哥特建筑中则使用微型拱廊的样式或嵌板，作为护栏环绕在屋顶或楼梯侧边。文艺复兴最早的单瓶栏杆出现在佛罗伦萨的皮提宫（Pitti Palace，1435 ~ 1446），很可能是由波罗涅列斯基设计。是谁最早想到了双瓶式的栏杆已经无从考证，已知的是这种栏杆被广泛地应用于 15 世纪。

2.4 天花

在整个文艺复兴时期，意大利艺术家对于天花的装饰给予了极大的关注。主要有 4 种天花形式：木质或石膏平顶、凹状天花（Coved ceiling）、拱状天花（vaulted ceiling）和圆顶（dome）。

2.4.1 平顶

文艺复兴早期，拱顶仍然在教堂建筑和庭院的柱廊中使用，但是在宫殿建筑和府邸建筑中，平顶越来越成为主要形式。其主要建造方式是在木框架上安装木板或石膏材料（图 10-2-5），通常有丰富线脚装饰的藻井（coffer），并雕刻有圆形花饰（rosettes）、头像雕塑以及其他图案，少数时候会有天顶画。早期的天花装饰造型通常是简单的几何造型。

图 10-2-5 1567 ~ 1571 年装饰的德国城堡建筑室内

由意大利装饰师设计，其中的天花造型是文艺复兴时期的经典装饰形式。

（图片来源：Ornament and the Grotesque, Thames & Hudson, 2008）

在这些天花中，所有的天花边框的底面都装饰有橡树树叶、月桂树等浮雕，圆形花饰通常在交叉处。这种装饰所带来的结果是，过度的装饰弱化了边框和嵌板之间的差异。之后，更为精心设计的复杂的几何图案开始流行，但是八边形、圆形、方形、长方形、十字形和六边形仍然是最主要的造型。

2.4.2 凹状天花（Coved ceiling）

凹状天花是文艺复兴中期最有代表性的天花形式。中间部分为平顶，或近似平顶，四周为四分拱顶（图 10-2-7）。这种天花形式经常有横向的半圆弧形间隔，以呼应墙面上的半圆窗、壁龛、鼓室等建筑构件。在各个构件的表面——三角形拱面、半圆面、拱肩等部位都装饰有丰富的浮雕、壁画和天顶画，与中央的平顶部分的装饰相呼应。在文艺复兴时期，这种天花装饰极其多样。拉斐尔和他的学生绘制了相当数量的经典天花装饰，例如罗马的法纳西亚凉廊（Loggia of the Farnesina）、梵蒂冈宫凉廊（图 10-2-6）等。

图 10-2-6 梵蒂冈拱廊，梵蒂冈宫，拉斐尔和他的学生，1517 ~ 1519

（图片来源：Ornament and the Grotesque，Thames & Hudson，2008）

图 10-2-7 梵蒂冈室内凹状天花

2.4.3 拱顶

无论何种材料的拱顶，通常都有两种装饰方法——嵌板和彩绘。拱顶通常作长方形或圆形划分，依靠大量的金箔创造装饰效果；在一些划分出的区域中，还会绘制天顶画。嵌板装饰的经典案例是拉斐尔和他的学生的作品——梵蒂冈中迪拉房间（Della Segnatura）的天花装饰；彩绘装饰的经典当然是米开朗基罗的西斯廷礼拜堂天顶画，以及梵蒂冈凉廊的拱顶装饰绘画（图 10-2-6）。

2.4.4 圆顶

圆顶（穹顶）的发明是文艺复兴对教堂建筑的贡献。早期的穹顶不做任何装饰，文艺复兴中期穹顶开始使用绘画进行装饰，不做任何的分割处理。对于穹顶的装饰可以说是文艺复兴中期不太成功的领域，典型的例子是佛罗伦萨圣母百花教堂的穹顶画。当然，圣彼得教堂的穹顶装饰还是相当成功的。

第3节 装 饰

3.1 装饰纹样

文艺复兴时期建筑中使用的装饰纹样和图案与古典时代相比，没有本质上的变化。具体包括：

（1）莨苕纹——古典装饰中最流行的装饰纹样，在整个中世纪时期一直使用，并发展出多种变化形式，应用于各种材料。

（2）藤蔓纹、枝状纹——枝状的植物卷纹，波浪形的枝干交替延伸，通常以圆形花饰为结束。

（3）忍冬纹——仅次于藤蔓纹的额枋装饰。

（4）圆花饰——整个装饰历史中最普遍的一种装饰纹样。

（5）垂花饰——罗马艺术中牺牲的象征，只在祭坛和神庙出现，由花卉和水果纹样组成，悬挂在牛头骨之间。在文艺复兴时期转化为基督教徒的葬礼符号。牛头骨被圆形花饰或孩童形象取代。

（6）水果、花朵饰——水果和花朵是文艺复兴的艺术家所喜爱的自然主义装饰图像。

（7）人物雕塑——人体作为自然美的代表被应用在建筑的雕刻和绘画装饰中，其中最有代表性的是孩童形象——丘比特。

（8）奇异装饰（Grotesques）——这个词汇有两种不同的含义：起初用来特指那些模仿罗马废墟的奇怪的蔓藤花纹；今天，更主要的意思是指那些各种元素拼凑而成的，由动物、人物和植物组成的艺术形式。罗斯金在《威尼斯之石》和《 文艺复兴建筑特征》这两本书中都对文艺复兴时期的奇异装饰进行了强烈的抨击，指责其为“不光彩”的。文艺复兴时期的奇异装饰确实缺少中世纪装饰的象征意义，但是却具有纯粹装饰美丽的形态（图10-3-1）。它们通常作为次要元素出现在装饰图像当中。

图 10-3-1 梵蒂冈宫，拉斐尔和他的学生绘制的奇异装饰纹样（图片来源：Ornament and the Grotesque, Thames & Hudson, 2008）

图 10-3-2 弗朗西斯一世宫殿中的雕刻装饰，1532（图片来源：Ornament and the Grotesque, Thames & Hudson, 2008）

3.2　造型装饰

3.2.1　线脚

文艺复兴中期的线脚十分有限和简单，几乎完全遵循古代原型，如卵矛饰、波纹垂直线条的凹槽等 16 世纪主要的装饰线脚图案。在对这些古代建筑装饰的应用中，波鲁兹（Peruzzi）、小桑卡洛（Antonio da San Gallo the Younger）和维基诺拉（Vignola）都是以优雅精致的细节著称的建筑师。

3.2.2　浮雕

几乎所有文艺复兴时期的浮雕作品都是那样精致、优美和富于魅力。高浮雕的局部与大面积背景相对比，次要的元素和微小的细节似乎融入在背景当中，在光影下各个重点部位都突出地展现在人们眼前。建筑师、雕刻师和金属工艺师共同的目的都是创造服务于建筑的装饰艺术，通过组织构图和控制各种细节，运动的和谐线条与近乎平整的表面产生精致的对比，在光线的作用下创造出动人的视觉感受。与古代希腊的装饰艺术一样，文艺复兴时期的雕刻艺术是为了纯粹的感官感受和美感，而不具有任何象征意义或者隐晦的含义。我们在面对文艺复兴的装饰艺术时，应该从感官感受的角度去分析和欣赏，而不要试图寻找任何潜在的意义。尽管早期文艺复兴时期的雕刻装饰有时会过于复杂，但是即使这种装饰过度，也无法掩盖装饰本身的精致和高超的工艺水平（图 10-3-2）。

大理石和木工镶嵌（Marble Inlay、Intarsia）

马赛克艺术随着中世纪的结束开始衰落，直到 16 世纪之后才得到复兴，取代这种工艺技术的是镶嵌工艺，尤其是地面镶嵌（参考图 10-5-7）。最为卓越的地面镶嵌作品是由 Beccafumi(1486—1551) 制作的西耶纳大教堂（Sienna Cathedral）的地面。其优雅和轻盈的设计充分代表了 15 世纪文艺复兴的气质。另一种 15 世纪意大利高超的装饰工艺技术是木工镶嵌（intarsia），用各种不同种类的木材拼成图案，甚至图像。镶嵌中的装饰图案来自各种建筑装饰图案和装饰细节，尤其是莨苕纹、忍冬纹、圆花饰等。

3.3　室内装饰

1488 年在 Esquiline Hill 发掘了尼禄时代帝国宫殿中的金屋（Golden House of Nero）和提图斯浴场（the Baths of Titus），这两个建筑物中充满了保护完整的石膏花饰和装饰壁画。拉斐尔从中找到了新的装饰灵感，在梵蒂冈圣达玛索（Damaso）柱廊的装饰设计中，拉斐尔和他的学生 Giulio Romano（1490—1546）、Giovanni da Udine（1487—1564）取得了卓越的成就（图 10-3-3）。之后在拉斐尔的指导下，他的两个学生在罗马完成了另一个同样风格的经典作品——罗马的法纳西亚别墅（loggias of the Farnesina Villa or Palazzetto）。装饰历史上最令人称赞的石膏花饰作品是 Villa Madama 的前厅和凉廊，这个建筑室内空间中充满了精致、细腻的装饰。之后的年代，一代代的装饰设计师都对其进行了仔细的研究，但是这种风格没有人超越过这个作品。

图 10-3-3 梵蒂冈宫，拉斐尔和他的学生模仿尼禄金屋而设计创造的室内装饰
（图片来源：Ornament and the Grotesque，Thames & Hudson，2008）

从这以后，雕刻形式的或彩色的石膏花饰不仅成为越来越流行的室内装饰方法，并开始逐渐应用到那些不太有纪念性的建筑外立面上，例如别墅和园林建筑。这种加工方便的材料越来越受到意大利文艺复兴建筑师的追捧，最终在巴洛克风格中泛滥。

前面提到，壁画在文艺复兴中期得到了迅速的发展，在建筑中绘画与其他通用性纹样成为最主要的室内墙面和天花的装饰。在罗马、佛罗伦萨和威尼斯都保存着这一时期大量的室内装饰绘画，其中最负盛名的是米开朗基罗在西斯廷礼拜堂（the Sistine Chapel of the Vatican）的天顶画。虽然西斯廷天顶画是一个著名的室内装饰绘画作品，但是在装饰艺术史中的重要性却远远不及一些无名之作，甚至对今后的装饰绘画产生了一定的误导。在米开朗基罗的天顶画中，那些用以分隔表面，象征建造设计的框架被米开朗基罗用高超的绘画技术处理成阴影效果，产生了一种虚假的视觉透视，这种令人惊讶的处理手法受到了米开朗基罗追随者的竞相模仿，带来了之后年代对创造惊奇装饰效果的追求。

第 4 节　文艺复兴时期装饰艺术的主要特征

在整个文艺复兴阶段，所有的意大利艺术都是高度装饰的。他们拥有各种技术精湛的手工艺人和卓越的建筑建造师。在欧洲任何地区、任何时代都没有制造过数量如此之多、品质如此之高的物品和装饰品。建筑、花园、织物、盔甲、珠宝，以及各种形式的雕塑，一切装饰都充满了高贵的品味和艺术性，当今世界各地的博物馆都保存着这一时期的精美无比和数量众多的艺术品。

4.1　非象征的装饰

早期文艺复兴时期的装饰所表现出来的是一种对装饰表面精致的控制，端庄的曲线、飘动的柔和运动的和谐节奏、微妙的造型中光影的变化，这是一种对于美的表现，而不是任何带有象征意义的、深奥思想的装饰。这是文艺复兴与中世纪装饰本质上的区别，哥特装饰带有强烈的宗教象征意义，以及伴随宗教情结所产生的哀伤气质。哥特装饰起源于教会，而文艺复兴装饰则主要是起源于世俗，因此在文艺复兴的装饰，尤其是雕塑装饰中，总是带有纯粹的美的情感。

正是由于文艺复兴装饰所表现出来的非宗教、强调个人享受的情结，这种装饰艺术在19世纪末20世纪初受到了罗金斯和他的追随者的竭力抨击。如果处在当时宗教仍占主导地位的社会环境中，我们可以理解罗金斯的指责，但是不可否认的是，这种对世俗奢华的追求和自由的思想的确促进了个体自我意识的觉醒，也促进了艺术家自由的创作。

4.2 建筑的角色

意大利文艺复兴的装饰形式主要来自建筑，由此经过变化又发展出其他的装饰艺术。在16世纪，建筑和其他艺术形式之间并没有一条明确的分界线。早期文艺复兴的艺术家包括建筑师、画家、雕塑家、金匠、木工镶嵌工匠等。拉斐尔就曾经设计建筑、木雕、灰塑装饰，并且众所周知，他还是名卓越的画家，与之类似的跨领域的艺术家还有波鲁兹和米开朗基罗等。装饰艺术与建筑的这种亲密的关系，对于文艺复兴时期的装饰艺术来说是一把双刃剑，既有优势又存在缺陷。有些时候，建筑的结构的逻辑关系被装饰所掩盖，例如很多教堂的立面设计似乎是覆盖在建筑外面的帷幕，当然这不仅仅是文艺复兴时期的特有表现，意大利中世纪的建筑立面装饰就表现出这种气质。

4.3 自然的结构

意大利文艺复兴的装饰艺术之所以超越了古代原型，最主要的原因是他们对于自然的学习。这种学习为设计师提供了新的灵感，当然文艺复兴时期并没有出现完全的自然主义装饰，但是装饰内容的结构，即使是古代装饰纹样，也依据自然的植物生长组织到一起。人物、海豚、狮子头、鸟、翅膀、羽毛，无论何种形象都真实地依据它们结构和形象特征。文艺复兴的装饰特征还表现为对装饰适合的要求，尤其是对各种装饰元素之间的尺度和尺寸关系的精确要求；以及个体和整体之间的关系，整体的线性运动所产生的光影效果都是艺术家不可忽视的问题。

4.4 古典的源泉——复制与创造

尽管意大利文艺复兴装饰艺术被认为是对于古代罗马文明的研究，但是在文艺复兴时期从未出现过对古代纹样的简单拷贝和模仿，除了16世纪时对古代罗马科林斯柱式和一些建筑的复制。即使在这些复制作品中，文艺复兴时期的意大利艺术家在细节和比例关系上，仍进行了相当大的调整，建筑整体表现出一种全新的、属于文艺复兴自身的装饰语言。

莨苕纹、忍冬纹、圆花饰、卵矛饰等这些从古代文明开始就被不断使用的建筑装饰元素，经历了古代希腊、古代罗马、中世纪，在文艺复兴时期仍被不断地改造形成新的图案造型。古代奇异装饰（grotesques）和象征性艺术同样得到了复兴，但其中的异教因素被新的意义所代替。例如孩童形象从罗马时期的小魔仆（genii）变成了文艺复兴时期的丘比特（amorini），并且形象上更为写实。罗马神庙用于祭祀的花环饰（festoons and wreaths of flowers）从之前的异教意义转化成了基督教的葬礼符号，或没有任何意义的纯粹装饰。而那些奇异装饰中的异教象征图形，如鹫首怪兽（Griffins）、斯芬克司等，在文艺复兴时期的装饰中仅使用它们的形象价值。除此之外，建筑装饰中还加入了一些有基督教象征意义的装饰图像，有翅膀的贝壳（象征着朝圣）、十字架、带有翅膀的孩童头像，以及稍晚出现的，象征殉道者和胜利的棕榈枝。

4.5 个人要素

文艺复兴时期所有的艺术，都带有强烈的个人特征。文艺复兴的建筑是可以说是建立在建筑师和其作品之上的，而绘画史则是由一位位大师，以及他们周围的学生构成。至于装饰艺术，大师的个人风格更为重要，每一位大师都有自己独特的观念和手法，以此作为自己与其他同级别大师的区别。这种对个人的强调，与西欧其他地区不同，是意大利地区所特有的。在中世纪期间，其他地区的手工艺人是在修道院和行会的组织下，以集体为单位工作，个人的风格泯灭在地区风格之中，而意大利人却一直保持着对个性的强调。文艺复兴运动使这种强调个性的趋势得到了发展，并由此传播到欧洲其他国家。意大利装饰艺术和艺术中对个人的强调特征一直保持到当代，今天的意大利设计还是以设计大师为主导的体系。

第 5 节 巴洛克装饰风格

图 10-5-1 贝尼尼设计的圣安德里亚（S. Andrea al Quirinale）教堂，1670 ~ 1671

（图片来源：Art and Architecture in Italy, Yale University Press, 1999）

16 世纪中期，意大利的建筑设计和其他装饰艺术中出现了一种追求新奇效果的倾向，到了 16 世纪末这种倾向逐渐趋于强烈，并开始背离古典艺术原则。这些征兆最先出现在建筑师当中，表现最突出的是米开朗基罗。在他的建筑设计中，带有涡卷的三角山墙、立面中被打断的线条等都显示出一种不惜破坏传统以强调个人风格的意图（图 10-2-4）。作为一名卓越的雕塑家，他通过调整和打破平面来获得他想要的光影效果；他偏爱巨型壁柱（colossal），巨大的柱头和细部、永远处于运动状态的立面，构成了他独特的设计语言。他之后的追随者进一步放大了他的偏好，创造出一种与之前安静、庄重的风格迥异的建筑，这些人当中的代表性人物是曼德纳（Carlo Maderna，1556—1629）、波罗米尼（Francesco Borromini，1599—1667）和伟大的雕塑家、建筑师贝尼尼（Lorenzo Bernin，1598—1680）（图 10-5-1）。

由于严谨的古典风格直到 17 世纪末仍在意大利沿用，我们很难给出这一风格明确的时间划分，但是通常概念是将 17 世纪作为巴洛克建筑和装饰艺术的年代。巴洛克（Baroque or Baroco）一词的原意是指那些奇特的、有着不寻常形状的珍珠；在建筑中是指违背古典原则，以追求新奇想法为目的的奇妙的、令人惊讶的建筑风格。

5.1 建筑立面的动感

建筑立面一改文艺复兴中期的严谨面貌，转变成动感极强的形式。柱式，尤其是巨型柱式经常贯穿两层，甚至三层；檐部通常被打断，以创造更多的表面变化，并获得更多的光影；柱子的基座和柱头有时成角度安放，尤其是在入口处，强调透视效果（图10-5-2）。建筑立面的重点壁柱经常使用3/4形式——更加凸出建筑。建筑立面更多地增加三角山墙的层次，甚至山墙的水平檐口被处理成向内凹陷的形式，在风格的顶峰阶段，山墙的中间位置加入了半胸像，山墙的两个斜边在中间断开，向内形成涡卷。例如图10-2-4中，米开朗基罗在罗马皮亚门立面的设计，建筑物顶端的造型是典型的巴洛克山墙形式。窗的造型也随着立面转化成曲线造型的装饰，贝壳造型大量地应用在建筑当中（图10-5-3）。这些巴洛克装饰细节在16世纪中叶就已经出现，17世纪流行于整个西欧。

图10-5-2 波罗米尼设计的圣卡洛教堂立面，是经典的巴洛克风格，1675～1677
（图片来源：Art and Architecture in Italy, Yale University Press, 1999）

图10-5-3 波罗米尼设计的巴伯瑞尼宅邸（Palazzo Barberini）中窗的造型，1630
（图片来源：Art and Architecture in Italy, Yale University Press, 1999）

5.2 雕刻

充满曲线造型的盾牌、家族徽章是新加入的装饰元素，用在建筑立面最明显的位置上。在这些装饰物的设计中，涡卷造型和curl-overs被尽可能地使用，尤其是代表教皇，放置在教堂立面上的盾章。象征胜利的棕榈（也许受法国影响）是经常出现的纹样。那些早年间精致、细小的装饰从巴洛克建筑中消失，取而代之的是大尺度、有分量且更具冲击力的大胆的装饰，例如半身像装饰。半身像装饰源自于古代地标分界的装饰造型，最早为上端大、下端小的木柱，柱上端雕刻有神的信使墨丘利（Mercury）造型。之后发展为石质装饰构件，在西塞罗时期就被用来装饰别墅。文艺复兴时期重新使用了这种装饰，将其发展为半身塑像的柱状装饰。17 世纪的建筑将这一造型视为替代壁柱的装饰手法，将其广泛地应用在墙面、入口、窗户，以及家具设计中（图 10-5-4）。

图 10-5-4 罗马建筑入口半身像装饰

巴洛克时期建筑装饰中扮演着重要角色的是雕塑，尤其是人物造型雕塑（图 10-5-5）。丘比特、天使等各种形象以各种动人的甚至奇特的姿势，分布在建筑的各个地方：沿着拱门的边缘、排列在三角山墙、托举着盾牌徽章。这一时期的浮雕不同于以往的任何年代，画面的构图充满了戏剧效果，人物的姿态十分夸张（图 10-5-6）。高浮雕和浅浮雕的技法相互配合，使主要人物形象仿佛要从墙面中脱离。

图 10-5-5 梵斯高（Fanzago）教堂雕塑，那浦勒斯
（图片来源：Art and Architecture in Italy, Yale University Press, 1999）

图 10-5-6 圣彼得教堂的浮雕装饰，阿尔戈迪（Algardi），1646 ~ 1653

5.3 室内装饰

巴洛克时期的室内装饰可以形容为浮华装饰的狂欢(图 10-5-7)。柱子、壁柱、饰面板都贴有纹理夸张、色彩斑斓的大理石饰面——黑色、棕色、暗红色、绿色和黄色，与白色的柱头和线脚形成强烈的对比。同时，石膏花饰以拉斐尔永远不可想象的方式得到了最铺张的使用，天花和其他建筑构件装饰着充满了各种细节的石膏花饰（图 10-5-8)、人物造型、欢喜的生物造型、线脚、涡卷，仿佛没有边际。石膏花饰中经常出现模仿织物的造型，在梵蒂冈中有大量类似造型，这些“织物”周围通常伴随着小天使的形象。巴洛克时期的室内，绘画、雕塑和建筑合为一体，建筑元素完全被绘画和雕塑装饰。

图 10-5-7 梵斯高(Fanzago) 那浦勒斯教堂中的大理石镶嵌工艺的拼花地面，1646
(图片来源：Art and Architecture in Italy, Yale University Press, 1999)

图 10-5-8 贝尼尼设计的圣彼得教堂室内装饰，1656 ~ 1666

在圣彼得教堂的室内装饰中，贝尼尼使用了一个巴洛克时期重要的装饰元素——扭曲柱，这种造型的柱子早在古代罗马晚期就已经出现，但是到了巴洛克时期由于被贝尼尼推崇，并将其应用在圣彼得教堂的大祭坛（altar-canopy）设计中，成为了当时使用最频繁的装饰元素，与建筑中对动感的追求相呼应（图 10-5-9)。

巴洛克室内装饰中除了华丽的视觉效果之外，另一个关键的装饰形态就是在室内营造虚幻的空间感受。这种装饰手法早在罗马时期就已经初具雏形，随着绘画技术在文艺复兴时期的高度发展，其在巴洛克时期达到了顶峰。教堂建筑中壮观的天顶画，创造出非凡的视觉体验，人们从这些绘画中仿佛可以直通天际。除了天顶画之外，教堂中拱顶的造型装饰也是以造型的透视性的渐变，创造出向上的视觉延伸（图 10-5-10、图 10-5-11)。

图 10-5-9 贝尼尼设计的铜制祭坛华盖，1624 ~ 1633

图 10-5-10 波罗米尼设计的圣卡洛教堂的造型天花，1675 ~ 1677
（图片来源：Art and Architecture in Italy, Yale University Press, 1999）

图 10-5-11 珀佐（Andrea Pozzo）在圣伊格纳佐教堂（S. Ignazio）中壮丽的天顶画，1691 ~ 1694
（图片来源：Art and Architecture in Italy, Yale University Press, 1999）

巴洛克风格所创造的华丽的室内效果在当代设计中仍然可以找到痕迹。在飞利浦·斯塔克 1985 年设计的 Theatron 餐厅中（图 10-5-12），大量的织物应用、巨大尺度的台阶，以及艳丽的色彩装饰都让人仿佛呼吸到了 300 年前巴洛克的气息。

图 10-5-12 Theatron 餐厅，墨西哥，飞利浦·斯塔克，1985
（图片来源：Starck，Taschen，1999）

第 11 章 哥特建筑装饰

第 1 节 背景知识

欧洲建筑发展到 12 世纪，进入了一个革命的阶段，并产生了一种新的建筑体系——哥特建筑。传统意义上，哥特建筑是中世纪建筑的同义词，这种高耸的教堂建筑统治着欧洲城市的天际线，甚至在今天依然如此。尽管哥特建筑是由古典建筑——古代希腊、罗马建筑的建造、结构方式发展和演变而来，但是哥特建筑在原则、意图和设计上与古典建筑完全不同。中世纪的建筑虽然继承了古代罗马的拱券结构，但是却抛弃了古典建筑中所有有关柱式的原则，柱与柱头的关系既没有规定也没有形成任何约定俗成的原则。在中世纪建筑中遵循的原则都是出于结构方面和几何方面的考虑，除了一些与几何有关的比例问题之外，几乎不存在任何与美学有关的原则。

哥特式教堂建筑的设计原则所带来的非凡的效果，使这些建筑在建筑史上占有了至关重要的位置。在这之前的罗曼式建筑虽然在整个基督教世界传播广泛，但是各个不同的地区都带有明显的地域特征。这种地域特征在中世纪晚期的建筑中同样显著——区分 14 世纪不同地域的建筑并不是一件很难的事情。但是从 12 世纪初到 13 世纪末的这一段时间里，几乎所有的教堂建筑都是基于法国教堂建筑进行设计。法国北部地区是中世纪哥特建筑语言的发源地。例如，英国坎特伯雷教堂（Canterbury Cathedral）中很多重要的特征就来自法国的影响：巨大的圆柱（columnar piers）、分成 6 块的拱券、莨苕叶柱头等；在德国，最初是将法国的一些建筑元素嫁接到传统的构造中，例如马格德堡大教堂（Magdeburg Cathedral）。

哥特建筑的建造工艺，是一种在罗马建造技术和希腊建造技术之间的折中（罗马建筑是用碎石建造，希腊建筑则用大块石料）。哥特时期的砖石匠对于石料在建造中的科学性应用是以前年代从未有过的。哥特建筑的结构是由柱子、柱墩、拱肋、扶壁、飞扶壁（flying buttresses）构成，墙体和其他填充只是起到围合作用。建筑中的墙体依靠扶壁加固，并且扶壁上通常加有小尖塔以加重它的重量，使其更加稳固（图 11-1-1）。尖拱结构使得拱与拱之间的力相互抵消，科学地被扶壁接受并传到地下。大面积的窗使墙体几乎变成通透的，窗由各样的竖框组成，构成了哥特式建筑特有的装饰花窗。花饰窗格实际上是针对哥特建筑几何建造问题的一种解决方案，同样的问题还导致了柱头、柱身、角线和基座都产生了新的造型。工匠们将石料堆砌成高塔，之后又在上面雕刻精致的蕾丝般的图案；他们用石材建造了用以支撑主体结构的飞扶壁，这种强悍的结构在他们的设计中表现出无比的艺术气质（图 11-1-3）。

图 11-1-1 14 世纪布拉格(Prague)大教堂飞扶壁的建筑图纸
(图片来源:Medieval Architecture, Nicola Coldstream, Oxford University Press, 2002)

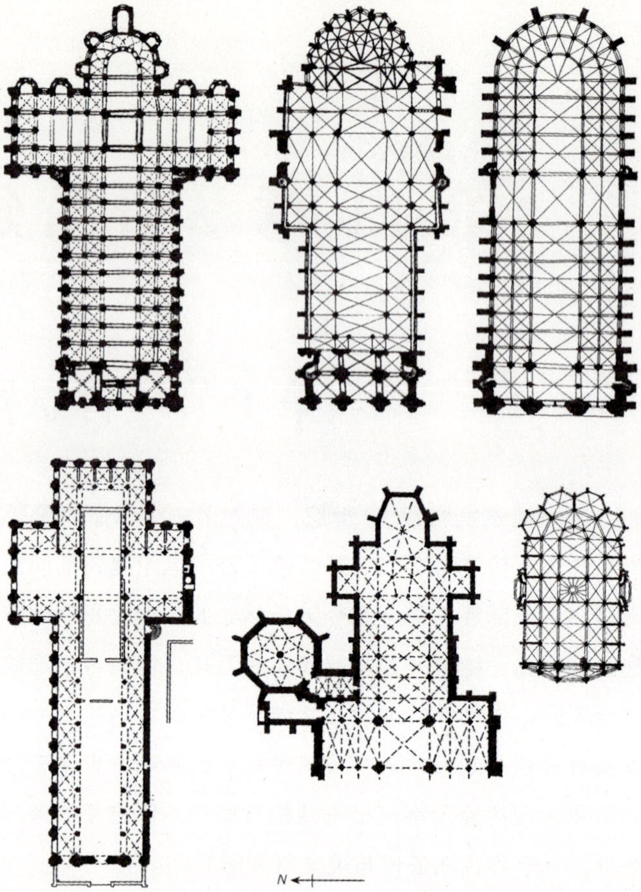

图 11-1-2 中世纪教堂平面的变化
(图片来源:Medieval Architecture , Nicola Coldstream, Oxford University Press, 2002)

图 11-1-3 圣乌尔班教堂，13 世纪
(图片来源:《哥特艺术》, 中国建筑工业出版社, 2004)

这一时期的教会在当时的文明中最具权威，教皇的权利甚至超过各国的国王和皇帝。由于教会对知识和学习机会的垄断，神职人员经常作为世俗的社会的顾问，从而获得了大量的财富和权利。在过去的几个世纪中，基督教仪式形式的不断变化；圣徒和殉道者的遗体或部分遗体在教堂中的安放；对圣母玛利亚的祭拜，以及其他各种各样的价值意识都使得教堂平面需要进一步的扩充(图 11-1-2)。很多教堂兴建了圣母堂和一系列的小礼拜堂,作为对圣母的热爱，或是对其他圣徒和殉道者的崇敬，各种复杂的宗教仪式对教堂的平面也提出了新的要求。

13 世纪初，西欧的重要国家已经发展成熟，西罗马帝国当时的中心在德国，意大利、法兰西、英国和西班牙逐渐发展成为独立的国家，各国中的城市、城镇发展迅速。在此之前，所有的重要建筑几乎都出自于教堂和修道院。随着城镇的发展，以及由此带来的财富的增加和各个城邦之间的竞争，使得各个自治地方机构开始修建华丽的世俗建筑。13 世纪哥特式建筑最有代表的特征是尖拱(pointed arch)。尽管拱顶设计在哥特建筑之前就已经得到了发展，但是在哥特时期，拱顶变得越来越复杂，从最初的必要的设计发展到后期对其惊人效果的追求。

第 2 节 时期的划分

从 19 世纪早期开始，哥特建筑被分为多种风格类型。这些风格名称被用来区分不同时期的建筑特征。虽然这种划分在很多当代的学者看来是一种僵化的划分方式，但是由于很多有关哥特建筑的书籍和著作仍然在使用这些名词，因此以下列出了常用的哥特建筑风格中的风格名词及其解释（名词的排列顺序是根据英文字母顺序，不是根据年代顺序）：

（1）装饰哥特（Decorated）：从 1250 ~ 1350 年期间的英国哥特建筑。特点是建筑中充满复杂的雕刻装饰及丰富的花饰窗造型。在后期使用曲线拱。

（2）早期哥特（Early Gothic）：1130 ~ 1190 年间的（Ile-de-France）哥特建筑。代表各国早期哥特时期。

（3）早期英式（Early English）：1170 ~ 1250 年间英国哥特建筑。其特点是肋拱、尖拱的使用，大量的建筑装饰，尤其是柱身装饰。同时也存在朴素的建筑形式。

（4）火焰式（Flamboyant）：15 世纪后，法国哥特晚期阶段。特点是花饰窗中火焰造型的图案，以及纤细的窗框。

（5）鼎盛哥特（High Gothic）：在法国也被称为经典阶段，这一阶段建造的教堂几乎涵盖了所有哥特时期的经典案例：夏特尔教堂、亚眠教堂（Amiens）、兰斯教堂（Reims）。特点是挺立、纤细的结构，大面积采光窗和飞扶壁。

（6）Hispano-Flemish：一种高度装饰的风格，出现在卡斯提尔（Castile）的伊莎贝拉一世（Isabella I，1474—1504）所统治地区。结合了荷兰风格和当地的伊斯兰风格。

（7）晚期哥特（Late Gothic）：多用来描述 1350 年之后的哥特建筑，特点是形式多样的柱子造型、花窗和拱部图案。

（8）曼努埃尔式（Manueline）：葡萄牙曼努埃尔一世（1495—1521）统治时期的建筑风格。其特点为装饰有大量雕刻，题材多为海洋生物。

（9）垂直风格（Perpendicular）：14 世纪之后的英国哥特建筑形式，特点为竖向线条强烈的表面，使用平缓的十字拱、多肋拱、扇形拱。

（10）过渡期（Transitional）：指 12 世纪时罗曼风格和哥特风格相结合的时期。

（11）辐射式（Rayonnant）：1230 年之后，花饰窗出现之后的法国哥特建筑。花饰窗形态轻盈；建筑内部通道墙壁装饰有壁画，建筑表面装饰较丰富。

概括地描述，哥特建筑早期装饰（在法国地区是 1160 ~ 1240 年或 1250 年）的特点是造型简单但富有生命力，非写实的对自然形态的模仿；中期的建筑装饰无论是设计还是制作都更加精细，装饰造型极其丰富，并且向自然主义发展。造型装饰在装饰设计中成为重要的元素，英国对于拱肋设计的不断尝试已经将“拱面”作为了装饰的表面。哥特建筑后期的装饰，虽然各国向着不同的方向发展，但共同的特征是装饰越来越复杂和繁冗，更加追求造型的纤细、工艺的精巧，与早期节制的粗犷的风格形成鲜明对比。

第 3 节　建筑和装饰

3.1　柱和束柱

除了一些早期法国哥特建筑和比利时、荷兰哥特建筑之外，哥特建筑中的柱子都是成束的组合在一起。柱身一般为圆形，有时也成“梨”形，每组柱子有共同的基座。在英国哥特建筑中，柱身有间隔的带状装饰“捆扎”在一起。哥特建筑中的柱身通常不做任何雕刻装饰，但是有时涂以色彩。

哥特建筑中的柱头装饰展现了其造型装饰丰富的一面，大多是植物造型雕刻（图 11-3-1）。早期法国哥特建筑中的柱头发展自科林斯柱头，中期则与罗曼式更为相关，晚期哥特建筑中柱头装饰的植物雕刻造型尤其复杂，并且造型也更接近自然，我们将在本章第 4 节进行详细描述。

(a) 12 世纪简单造型

(b) 16 世纪复杂的织物造型

(c) 13 世纪不同时期的装饰风格

图 11-3-1　哥特建筑中多种柱头装饰
(图片来源：自拍)

3.2　线脚

在哥特建筑中，带有复杂断面的线脚取代了古典建筑中的简单的线脚。梨形的线脚与很深的凹陷交替使用，呈现出强烈的观影效果。早期哥特建筑的线脚强烈而粗犷，伴随拱的构造形成反差较大的凹凸；哥特风格中期这种明显的里出外进转变为舒展的形态，线脚的轮廓从之前的强烈对比转为较为柔和的状态，呈现出纤细精致的外形特征。带有装饰的线脚在英国哥特建筑中比法国哥特建筑中更为突出，线脚的纹样装饰一般集中在凹陷的表面，叶饰、圆球饰等在早期英国哥特建筑中十分常见。

3.3 花窗

哥特式建筑的拱是尖拱（区别于罗马建筑的半圆拱），窗直接开在拱的下方，因而窗上方的造型自然而然地成为尖拱状，以适合拱的形状。建造兰斯（Reims）教堂的工匠在1210年完成了一个新的创造——花饰窗（window tracery）。花饰窗是由石制细条组成的一种复杂的窗饰，最早出现于兰斯教堂。哥特式建筑花饰窗的设计中最重要的处理是带有尖端的窗洞，整个花窗图案的组织——窗框的分枝、次一级小拱的排列等都是基于这个主要的框架。早期造型和图案由基于圆形和植物形的几何图案构成，很快发展成各种延长线交叉的复杂图案。13世纪，S形曲线出现在图案当中，最终形成复杂的、火焰状的圆窗和拱窗的装饰造型，法国这一时期的哥特建筑也因此被称为火焰式。哥特建筑晚期的花饰窗却呈现出直线条的稳定的状态（图11-3-2、图11-3-3）。

(a) 几何式——亚眠教堂　(b) 交叉式——埃克塞特（Exeter）教堂　(c) 流动曲线式

(d) 网状曲线式　(e) 火焰式　(f) 直线式

图11-3-2 哥特建筑各时期的花窗样式

图11-3-3 西班牙圣胡安修道院（S. Juan de los Reyes）中花窗形成的光影效果

3.4 小尖塔、花形浮雕和叶尖饰

飞扶壁的结束处通常是四边形或八边形平面的方锥构件，或是小尖塔构件。尖塔的顶端或边界装饰有花形浮雕，丰富的雕刻使尖塔的轮廓成结瘤状，顶端的装饰（尖饰）通常为球状或蓓蕾状。这些小装饰物是构成哥特建筑特征的重要元素，构成了哥特建筑复杂的外轮廓线（图 11-3-4 ~图 11-3-6）。

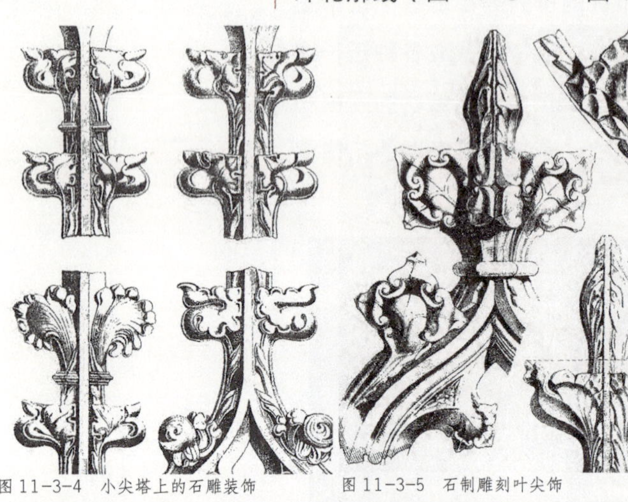

图 11-3-4 小尖塔上的石雕装饰
（图片来源：Gothic Ornament，Augustus Pugin，1916）

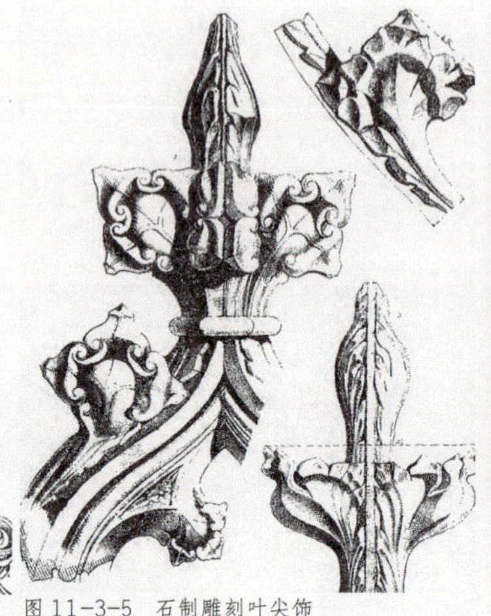

图 11-3-5 石制雕刻叶尖饰
（图片来源：Gothic Ornament，Augustus Pugin，1916）

图 11-3-6 米兰大教堂上的小型雕刻装饰

3.5 彩色玻璃

在所有伴随哥特建筑发展的装饰艺术当中，彩色玻璃是最富有风格特征的产品。彩色玻璃在罗曼时期的建筑中就开始少量使用，随着建筑中花窗的窗洞尺寸的迅速扩大，彩色玻璃得到了空前的发展。13 世纪玻璃工匠制造出来的绚丽的色彩玻璃为教堂建造者和窗户设计者提供了一种新的装饰手段；同时，玻璃强烈的色彩使得传统的色彩装饰材料——马赛克相形见绌。哥特教堂中彩色玻璃装饰是对基督教教义的一种物质诠释，是上帝和光完美的结合（图 11-3-7）。彩色花窗为教堂所创造的气氛总是令人感到光的神秘莫测，认为上帝犹如深不可测、无法接近的光芒在基督教中是一种普遍认知。彩色玻璃在整个哥特时期的表现并不始终如一，早期的教堂钟情于几乎不透明的、阴暗的神秘色彩，而晚期人们则更喜爱使用具有高透明度的玻璃，当然这与玻璃制造工艺的法扎有重要的关系，但是同时也表现出人们品位的转化。

图 11-3-7 中世纪祈祷书中“光与天体的诞生”的插图，1340 ~ 1345
（图片来源：《哥特艺术》，中国建筑工业出版社，2004）

第 4 节 装饰手法

4.1 装饰雕刻和雕塑——植物

在哥特建筑中，植物雕刻是最普遍和重要的造型装饰（图 11-4-1），作为人物雕塑的背景、与人物、动物和怪兽共同组成丰富的装饰图像；用以装饰柱头、拱心石，或门窗的侧板；丰富墙面或者教堂中宗教仪式性的家具。从 12 世纪朴素的风格到哥特后期 15 世纪、16 世纪华丽奢侈的形式，植物雕刻随着时代品位的变化不断改变它的形态。

12 世纪一些建筑中柱头的植物雕刻还可以隐约看到古代柱头装饰的痕迹，但是中世纪的雕刻工匠从他们日常接触的植物中汲取灵感，创造出了全新的植物装饰造型，例如英国 13 世纪典型的柱头装饰（图 11-4-2）。新的装饰风格很快传遍了各个地区。

图 11-4-1　15 世纪的植物图案手册

（图片来源：Medieval Architecture ，Nicola Coldstream，Oxford University Press，2002）

图 11-4-2　植物造型装饰柱头

（图片来源：Gothic Ornament，Augustus Pugin，1916）

中世纪行会的建立，手工艺人逐渐摆脱了教会的组织。随着这些手工艺人的迁移，他们创造的新风格开始在欧洲大陆传播。手工艺风格的变化与当时的建筑变化同步，推动了整个哥特艺术风格的形成。这些艺术家起初的创造简单而粗犷，显示了一种来自于自然的新的生命。13 世纪末，基于对自然的关注，写实地雕刻树叶、花卉和果实形成一种风尚。当然，这其中的很多植物带有很强的象征意义（图 11-4-3）。 随着工艺技术的提高，早期的那种强壮的气质逐渐消失，取而代之的是优美的植物造型。这些变化的主要原因是基于对自然植物的深入观察，细致的观察使得之后的植物装饰造型越发接近自然的写实特征，造型也随之越来越复杂。到了 14 世纪末，这种自然写实倾向发展到了极致，伴随当时精湛的技术，装饰的造型出现了过分写实的特征。

图 11-4-3 哥特建筑中的葡萄藤纹样

葡萄纹是基督教建筑中常见的植物装饰纹样，使用原因是葡萄藤是基督的象征。图中为法国鲁昂教堂中的葡萄藤纹样

（图片来源：Gothic Ornament，Augustus Pugin，1916）

图 11-4-4 圣吉尔（St. Gilles）教堂入口，12 世纪中叶

（图片来源：Early Medieval Architecture，Roger Stalley，Oxford University Press，1999）

4.2 装饰雕刻和雕塑——人物

罗马帝国灭亡之后，建筑雕刻虽然没有废置不用，但建筑雕刻，尤其是人像雕刻，在基督教早期时代的几个世纪中已经不如古典时代那么重要。加洛林王朝（8 世纪中叶至 10 世纪统治法兰克王国的封建王朝）之后，雕刻成为了一种奢侈品。11 世纪中叶，随着大量的仿罗马式教堂建筑的兴建，在中世纪曾经一度没落的大型雕像又再次出现，与建筑相结合，成为教堂建筑的装饰艺术（图 11-4-4）。

11 ~ 12 世纪初，修道院的工匠们逐渐开始复兴人物雕刻这种艺术形式，例如沙特尔教堂的西入口处的雕刻装饰。在哥特建筑时期，尤其是 13 ~ 14 世纪，建筑中的人物雕刻装饰发展成为一种全新的装饰艺术形式。法国工匠用他们的双手将建筑变成了一部石制的圣经。教堂入口的装饰尤其丰富，神、天使、圣徒、殉道者被工匠精心地根据建筑构造的需要进行布局。入口的侧板和门柱通常装饰着美丽的大型人像；入口上方的山花雕刻有基督和圣母的形象，描述着基督事迹或是最后的审判等庄严的场景；立面上、巨大的拱廊上布满天使的形象，以及法国和 Judea 的国王。早期的雕塑有很强的建筑特征，建筑和雕塑之间持有一种和谐的平衡。中世纪建筑雕塑的经典代表是沙特尔达教堂中的雕塑装饰。后期的哥特建筑雕塑更加图示化，尺度比早期雕塑缩小很多，精致的细部刻画和自然主义形象是这一时期雕塑的主要特征。

在很长的一段时间里，西方对于中世纪艺术一直持贬低的态度，认为那是自古代罗马文明陨落之后所表现出来的幼稚和粗糙。但是到了19世纪末20世纪初，艺术界和评论界开始转变对罗曼斯克时期建筑雕塑的态度。在之前被认为的束缚、压抑和粗糙的特性，成为了自由、和谐和组织的表现，并且印象派对罗曼斯克雕塑表现出极大的崇拜，将其称为美的品质的表现。

雕塑和建筑的风格是社会和文化的精华，与文艺复兴时期不同，人们在中世纪的自由相对较少，个体是依附在系统中的一个组成部分，结构比个体更重要。罗曼斯克建筑雕塑的组织，是中世纪社会理想组织的表现。每一个个体都在属于自己的位置上，特定的位置、特定的状态，与周围的个体和谐地形成组团，每一个组图又有自身的形状、轴线、尺寸等。是一种社会组织的概念。

与其他个体相比，建筑作为一个整体处于优先地位。建筑的建造法则——逻辑性、安全性和稳定性是制作雕塑的依据。由于各时期建筑与雕塑的逻辑关系不同，雕塑对于建筑的适合表现也会随之而变。例如在希腊建筑中，雕塑是人物动态的组织，虽然人物的姿态也会因建筑发生变化，例如要适应三角山墙的形状，但是希腊雕塑绝对不会将人体本身变形；但是在罗曼斯克建筑中的雕塑，不但人物造型僵硬，并且人物的尺寸、比例都产生了很大的变形。这种表现不能简单地归结为雕塑技艺的倒退，而是罗曼斯克时期的人们有意识地选择了这样一种雕塑类型，这种建筑、雕塑类型反映了当时的社会认同。整个中世纪就是一个稳定的整体，稳定的组织概念就是要服从之前存在的组织结构，表现在建筑装饰中就是，雕塑服从已经存在的建筑造型，与建筑的边界相呼应，与背景相呼应。雕刻为了和建筑物的各部位取得调和，任意将形象拉长、缩短、扭弯、变形，使得雕刻具有幼稚天真的特点。

通过下面两个实例来说明罗曼斯克建筑雕塑的服从原则。一个例子是法国的沙特尔大教堂（Chartres Cathedral）的西入口雕塑装饰（图11-4-5）；另一个例子是法国Vezelay的圣马德琳修道院（La Madeleine）的入口山花装饰。

图11-4-5 沙特尔教堂的入口

（图片来源：Romanesque Architectural Sculpture, Meyer Schapiro, The University of Chicago Ptess, 2006）

沙特尔教堂的西入口由于建筑上的需要，3 个拱门的大小不同，因此装饰雕塑的内容、人物的形态、尺寸，以及节奏都随之发生变化。位于中间的拱门的山花（tympanum）装饰在构图上分为上下两个部分。上部的中心人物是基督耶稣，他的手指指尖与门拱的中心相对应，其所在位置将整个装饰部分分为四个区域，无论是面积还是形态上都与其要表现的内容相适应。这四个区域所表现的是具有象征意义的四个圣物——在基督教图像文化中，狮子代表圣马太，牛代表圣马可，天使代表圣路加，鹰代表圣约翰。下半部门楣处，装饰有 12 个圣徒，3 人一组共分为 4 组，这四组圣徒形象凹凸形成的肌理变化、光影形成的明暗变化，在整个构图中所起的作用是一种带状的图案性装饰，成为拱门形象的一部分。两边小一些的拱门根据建筑轴线的需要，在构图上不是分为上下两段，而是三段。尤其值得一提的是右边中间部分的圣婴以一种站姿出现，以联系上方人物姿态，完成了从水平构图向垂直构图的构图转化（图 11-4-6）。

图 11-4-6　沙特尔教堂入口雕刻的局部

（图片来源：Romanesque Architectural Sculpture, Meyer Schapiro, The University of Chicago Ptess, 2006）

在沙特尔教堂的西入口的雕塑装饰在明确地表达建筑的形体关系——边界和造型，雕塑完全处于由建筑定义的框架之内，雕塑变得具有暗示性和表达意义。如果将沙特尔的例子与比它早 10 ~ 15 年的马德琳修道院（Abbey of La Madeleine）相比较，就会发现这一时期的雕刻装饰构图并不都是这样。

图 11-4-7　圣马德琳教堂入口山花装饰

（图片来源：Romanesque Architectural Sculpture, Meyer Schapiro, The University of Chicago Ptess, 2006）

在这个例子中首先引起我们注意的是，一组拥挤的运动的人物，整个群体处于一种转动的运动状态，而不是门楣、柱子等建筑构件的静态关系。位于中间的基督形象大而有力，甚至冲破了环绕在山花（Tympanum）周围的装饰带。不仅如此，整个群体的一系列的运动完全打破了水平构图，甚至连基督的坐姿也不是通常的对称状态，人物的轴线已经突破了与建筑的轴线的关系。与沙特尔西入口中的装饰不同，这组装饰雕塑没有遵循建筑的形体关系，而是从造型的变化和运动出发，不是一个建造的形态，而一种情感的形态（图 11-4-7）。

我们可以看出沙特尔教堂的雕塑装饰与马德琳修道院的装饰在对于服从建筑原则的态度上是不同的。但是它们都在服从一个更大的原则、概念和逻辑关系——对于宗教的定义和解读。两个建筑中雕塑装饰在用它们各自的形式阐述对宗教的理解，用一种诗意的方式定义宗教，并表现出当时由宗教所带来的社会组织形态。

第5节 中世纪建筑装饰的特殊性

5.1 中世纪图像装饰的文本意义

中世纪的装饰艺术是神的艺术，在图像装饰充满了宗教语境之下的意义。一个不了解其内在含义的观看者会错过很多隐藏在这些图像之中的内容。例如，图像中的圣父、圣子、天使和使徒都应该光着脚，而不能将圣母表现成赤脚的形象；伸出拇指和两根手指的手势表示祝福，如果周围还围绕着十字形的光环则表示深的干预；有一个入口的塔楼代表一般的城镇，而带有天使的塔楼则代表神圣的耶路撒冷等等。装饰的叙事性是由当时的社会背景决定的。

古代罗马时期，罗马人拥有极高的文明，在罗马和亚历山大巨大的图书馆内藏有大量用拉丁文书写的文献和著作。但是当野蛮的条顿人占领罗马时，他们拒绝接受罗马的文明和文化，仅仅学习了一些实用的拉丁文用以统治这个被征服的国土。条顿族使用的拉丁语是一种支离破碎的拉丁语，被称为罗马语。不同的地区在使用这种罗马语的时候都有带有自己区域的方言，逐渐发展成为意大利语、法语和西班牙语。古典拉丁语已经不再是被人使用的语言，因此那些记录在拉丁文书写的著作中的知识与大部分人分割开来。

渴望学习的人越来越少，所有的书籍都是由拉丁文书写，没有人可以看懂这些书籍，因此书写和识字已经不再是十分必要的事情。在那个时期，除了神职人员之外，甚至没有人会签自己的名字，拉丁文只在教会中被教习，并且拉丁书籍开始成为了宗教书籍。

当时可供书写的材料只有两种：羊皮纸和纸草纸。纸草纸是一种很难获得的北非产的材料，而羊皮纸虽然生产花费巨大，但是可以重复使用。因此在修道院中，大量的古典书籍的文字被从书中抹去，重新写上新的有关宗教的文字。就这样，古代文明的诸多著作就此失传。在这一个时期，欧洲的文明几乎降至野蛮状态，被后人称为黑暗时期。

为了向没有任何读写能力的门中宣传基督教义，中世纪的教堂成为了最主要的场所，而教堂中的图像装饰成为了最主要的途径。中世纪的装饰艺术家必须学习这些公认的图像语言，他们所创造的图像实际上是真正的“象形文字”。图像装饰在中世纪时期，并不是艺术家或装饰师的个人选择，这种象征性的组合是一种共同的选择，代表基督教团体共同的意志。

5.2 中世纪图像装饰的象征意义

从地下墓穴开始，基督教艺术就用图像来阐述教义，例如早期地穴墓室 catacombs 中的装饰仅仅是一些希腊字母的缩写 [the Greek letters Alpha and Omega]，代表基督的缩写。我们要想了解中世纪的装饰艺术，首先就需要了解作品的意图。在中世纪的建筑装饰中，基本上所有的图像都具有代表和象征性。

教堂的门廊上总是表现旧约中的某位要人。在沙特尔教堂中，表现了担任牧师的国王麦季洗德给亚伯拉罕送去酒和面包，象征着为门徒带来酒和基督。里昂教堂中的装饰表现了向上天祈福的吉迪恩，受到雨露滋润的羊毛则象征圣母玛利亚。这些图像的象征意义只有那些熟识基督教义的人才能够真正理解。这一切都构成了中世纪建筑装饰的最大特点——装饰的象征意义。这是与之前的古代罗马建筑装饰和之后的意大利文艺复兴建筑装饰本质的区别。

15 世纪末，文艺复兴艺术的崛起使哥特风格逐渐走向了它的末日。尽管在哥特风格的末期建筑结构只是在微弱地发展着，但是建筑装饰却仍保持了丰富的外貌和精湛的技术水平。精巧的细节、复杂的花窗、写实的图示雕塑，以及当时华丽的家具和奢侈的刺绣工艺都在哥特风格的末期发出回光返照般的光彩。在一段时期内，哥特风格顽强地抵制着来自意大利的新的风格，但是这种新的风格不仅仅是一种时尚，而是代表着艺术观念上的转变，代表着新的思想、文明和艺术的视野。终于，在 16 世纪中叶哥特艺术不可避免地完全陨落了。

第 12 章 拒绝装饰与装饰的回归

第 1 节 1800 年之后的西方社会

18 世纪末，西方世界的考古研究取得了巨大的成就，庞贝古城的发现使当时的人们兴奋不已，一时间对于古代文化的研究和著书立说成为风尚（图 12-1-1），拥有希腊、罗马的文物也成为很多政府机构和私人的追求，所有上层社会的绅士都多少要了解希腊、罗马的建筑。但是这一时期的艺术家的艺术创作却表现得令人乏味，最主要的原因是公众普遍认为建筑创作只需要照搬古代建筑或是它的局部。当时平面和建造的问题处在建筑设计的次要位置，远远不如建筑立面设计重要。各种艺术都处于这种状况——缺乏创造力的对古代模仿。

艺术发展停滞的原因还是由于当时西方社会的政治和工业革命，美国独立革命、法国大革命带来了新的民主政治；拿破仑动摇了整个欧洲的基础，改变了国家之间的分界线；蒸汽机的发明所带来的工业革命，进一步遏制了应用艺术的创造，并使传统手工业进入前所未有的低迷状态。工业革命所产生的新状况是：经济、便利的交通运输；大批量的机器生产和无休止的重复生产，机器代替了手工生产；产品生产活动集中在工业中心（图 12-1-2）。现代工业带给人的舒适、便利的生活是毋庸置疑的，但是设计和制造的分离使设计和艺术遭受了惨痛的打击。

图 12-1-1 Piranesi 绘制的那浦忒斯神庙（Temple of Neptune）1778
（图片来源：European Architecture 1750 ~ 1890, Barry Bergdoll, Oxford University Press, 2000）

图 12-1-2 Piranesi 绘制的想象中的监狱，1760
（图片来源：European Architecture 1750 ~ 1890, Barry Bergdoll, Oxford University Press, 2000）

当时，各个国家都挣扎在生存和发展的问题上，建立自己的权利和拥有更多的能源，几乎无暇顾及有关艺术和美的问题。只有知识分子和不用为生计发愁的闲暇阶层还在继续关心艺术，艺术被逐渐地从生活中分离开，成为一种奢侈的补充，而不是生活的本质元素。一些知识分子感受到了他们所处年代的艺术的贫乏，但是却束手无策。他们发动了几次历史风格的复兴运动，建造了一批模仿过去建筑造型和细部的建筑物，但是却并不理解这些形体的真正意义和原则。另一些知识分子在这个时候提出来新的口号——回到自然，艺术家必须直接从自然中学习，不仅仅间接地从以往的摹本中学习技巧，而且还需要学会欣赏和诠释自然中的美。

考古科学为提倡向古代学习的阵营提供了极大的帮助，而 18 世纪末到 19 世纪中的诸多发明更刺激了社会对古代艺术的向往。1789 年平板印刷术的发明，以及随后的摄影发明、照相排版技术的发展，这些技术使那些描述、记录建筑和装饰艺术考古发现的书籍的价格能为多数人负担。大量艺术博物馆和艺术学校建立起来，前者普及了各种艺术知识，后者则为工厂补充了短缺的设计人员和技术人员。19 世纪末，公众要求产品具有基本美感的呼声越来越高，而几次大型的国际展览（如 1851 年伦敦博览会）进一步刺激了渴望艺术的情绪。

同时，大量的印刷品、博物馆将各地区的艺术和装饰艺术详细地展示给大众，这种广泛的传播打破了艺术和普通民众之间原有的隔膜，从而成为具有普遍性的面向所有人的艺术（图 12-1-3）。之前年代中带有强烈的地区或国家特征的风格有逐渐消失的趋势，人们越来越接受来自其他地域的艺术形式，只有那些与文化风俗、生活习惯、气候和环境有着密切关系的风格得以一直保留。不同人群之间在装饰艺术上的巨大差异，正在转化为一种折中主义。来自各个地域、各个年代的装饰形式向设计师们扑面而来，他们必须在其中做出选择。一些设计师的选择是抛弃原有的历史，进行全新的创造。

图 12-1-3　面向公众开放的建筑展厅，巴黎，1860
（图片来源：European Architecture 1750 ~ 1890, Barry Bergdoll, Oxford University Press, 2000）

有趣的现象是，尽管设计师着迷般地进行创新——试图创造出一种超越地域和历史的原创风格，但是国家和种族特征仍然会在这些形式中显示出来，同时表现出的还有设计师的个人风格和设计语言，例如欧洲的新艺术运动的设计师和美国设计师沙利文（Louis Sullivan），他们虽然极力地抛弃历史艺术的形态，但是他们的设计仍是基于历史的。对于艺术创新来说，创新不是仅仅改变和置换所用的材料和纹样，而是使用材料和纹样的方法。在当时，没有任何一位设计师可以真正摆脱传统对他的束缚，也没有产生真正意义上的新的装饰类型，但是他们的努力的确为之后的现代设计铺垫了一条道路。

第2节 历史主义阵营

2.1 罗马风格复兴和帝国风格（The Roman Revival and Empire Style）

处于大西洋两岸的英国和美国在这个时期都出现了大量对罗马建筑的复制建筑。在拿破仑统治之下的法国，从1804～1810年，罗马化的设计几乎成为了一项强制规定。马德莱娜教堂（The Madeleine）、凯旋门（the Arc du Carrousel）和“旺多姆”圆柱（Colonne Vendome）都是这种条例之下建造的罗马建筑的翻版。

室内设计中，尽管是在罗马化的趣味影响之下使用了大量的罗马装饰母题，但是法国设计师却在其中加入了新的设计精神，呈现出一种优雅的装饰效果。家具从轻巧的路易16风格转为庄重的、大体量的古典主义；代表皇室的徽章形象鹰、蜜蜂、桂花枝，代表胜利的棕榈树，以及大量的罗马装饰纹样被重新应用在室内装饰中。装饰艺术具有回到庄严、厚重的倾向，但是却缺乏魅力，即使是杰出的室内设计师罗伯特·亚当斯的作品（图12-2-1）。

图12-2-1 罗伯特·亚当斯设计的西昂住宅（Syon House）
这个住宅中显示出亚当斯对色彩的高度控制能力，通过材料的选择，不同的房间表现出差异巨大的颜色
（图片来源：European Architecture 1750～1890, Barry Bergdoll, Oxford University Press, 2000）

2.2 希腊复兴（The Greek Revival 1820–1850）

希腊复兴最早的推动国家是英国，当时英国出现的一些威严的公共建筑立面显示了对希腊建筑元素的重新使用，但是这属于建筑历史的范畴，与我们的研究有些距离。当时的建筑立面中缺少雕塑等装饰元素是一望便知的（图12-2-2）。从装饰的角度，合适的案例是利物浦（Liverpool）的圣乔治会堂（St. George's Hall），其中的铜制大门是英国设计师对希腊—罗马风格进行现代化装饰应用的最好案例。但是英国距离希腊遥远，并且当时的英国也处于设计创造的低迷时期，因此此时一些比较优秀的装饰设计都是对古典元素的直接复制。

图12-2-2 查尔斯威尔（Charles De Wailly）对古代希腊帕提农神庙的变形，1797
（图片来源：European Architecture 1750～1890, Barry Bergdoll, Oxford University Press, 2000）

在德国，希腊复兴运动的开展并不十分普遍，但是却出现了一些这个时期最优秀的建筑设计。无论是建筑的外立面还是室内装饰，都采用了改造的设计方法而不是一味地复制。其中最优秀的建筑师有柏林的辛克尔（Schinkel）、慕尼黑的冯楞次（Von Klenze）和维也纳的汉森（Hansen）。

法国的希腊复兴运动从来都不是对考古发现的复制，这主要是由于巴黎艺术学院（Ecole des Beaux-Arts）的影响。从 1823 ~ 1825 年，三位罗马奖金（Prix de Rome）的获得者不约而同地在他们的作品中注入了一种充满活力的、精致的希腊艺术气质，从而带来了一种新的装饰风格，被命名为新希腊风格（Neo-Grec）。其中最成功的四座建筑物是：巴士底广场的七月圆柱（the Colonne de Juillet）、圣吉纳维夫图书馆（the Library of St. Genevieve）、巴黎艺术学院（the Ecole des Beaux-Arts）以及新的司法宫西翼（West wing of the Palais de Justice）。这几座建筑对之后的法国建筑的影响巨大，在巴黎歌剧院、巴黎医学院等建筑中都可以找到受新希腊运动影响的痕迹。

2.3 哥特复兴运动（The Gothic Revival）

当英国一部分设计师进行古典主义发现的时候，另一部分知识分子却发起了哥特复兴运动，领导者是奥古斯特·普金（Augustus Welby Pugin）的父亲老普金，两位普金通过一系列的著作，希望在英国民众间唤醒中世纪艺术的辉煌成就（图 12-2-3）。他们认为哥特建筑既是英国，也是基督教的表现形式，而希腊、罗马建筑则是外来的、异教的表现，没有任何模仿的价值。在这种鼓吹下，尖拱、花窗等诸多哥特建筑装饰造型，在丝毫不考虑材料、建造法则的情况下随意应用（图 12-2-4）。

图 12-2-3　普金设计的圣伊莱斯教堂室内（St. Giles），1839 ~ 1844

图 12-2-4　哥特复兴风格的住宅室内设计，Horace Walpoe，1750
（图片来源：European Architecture 1750 ~ 1890，Barry Bergdoll，Oxford University Press，2000）

在这场中世纪复兴的运动中，约翰·罗斯金（John Ruskin，1819—1900）显示了极大的热情和影响力。罗斯金对宗教有着魔般的热情，憎恶一些虚伪的教条，他拥有对艺术的敏感和清教徒般的神秘主义气质（图 12-2-5）。作为牛津大学的客座教授，他对当时英国在宗教和艺术中所表现出来的唯物主义态度，以及迅速的工业化进程发起了激烈的抗议，并因此获得了极高的声望。与其他年代的改革者一样，罗斯金是一个狂热分子，实际上他并不真正了解古典建筑或是文艺复兴时期的建筑，甚至可以说不了解建筑本身，但是他的“文艺复兴是一股腐朽的恶流（the foul stream of the Renaissance）”之说，仍引起其追随者的激动。他那些美学概念与道德伦理概念相混淆的著名著作——《威尼斯之石》、《建筑的七盏明灯》、《佛罗伦萨的早晨》激励了无数英国民众，极大地刺激了哥特复兴运动。不幸的是在这之后，英国出现了各种滑稽的哥特式设计，直到“维多利亚哥特”（Victorian Gothic）❶才表现出理智的、有逻辑的形态和功能的关系。

图 12-2-5 罗斯金在威尼斯的水彩写生

（图片来源：European Architecture 1750 ~ 1890，Barry Bergdoll，Oxford University Press，2000）

约翰·罗斯金（John Ruskin）

罗斯金认为装饰和秩序是属于美学和道德范畴：“装饰是人类精神发展的记录”，他对装饰的态度非常严肃。他的文章辞藻华丽，以至于人们长期以来忽视他的装饰理论。罗斯金与他同时代的乐观主义者不同，对当时的英国社会充满了失望，尤其是对于机器的职责更是严厉和彻底。罗斯金认为自然和上帝创造的是美的唯一标准，从柏拉图起就已经成为美学基石的纯形式关系产生美感的理论并不被他认可。他对机器的完美标准提出了抗议，提出了有机节奏在艺术秩序创造中的重要性。手工创作的迹象在罗斯金看来是极为重要的，他把机器生产所带来的单调看成是死亡的东西，而与之相反的人的创作才是具有生命的。在罗斯金眼里，机器所造成的这种新的对立，比之前昂贵和便宜之间的对立更为严重。

罗斯金一生撰写了多本关于建筑和装饰的书籍，其中最著名的是 1849 年出版的《建筑的七盏明灯》（Seven Lamps in Architecture），以及 1853 年出版的《威尼斯之石》（The Stones of Venice）。

❶在罗斯金的影响下，19 世纪 60 年代的一种以意大利哥特建筑为蓝本的哥特复兴。在住宅建筑中成就巨大。

1868 年查尔斯·L·艾斯特雷克（Charles L. Eastlake）发表了《家庭品位建议》（Hints on Household Taste in Furniture, Upholstery and other Details）一书，直接影响了英国各阶层对家具和家庭艺术的观念，开始在家具设计和室内装饰上进行新的创作尝试。艾斯特雷克主要提倡设计应该给予结构和材料，尤其是朴实材料；他主张在室内设计中应尽可能地保持一种风格，而不是将各种风格混合在一起；“诚实”的设计是他最强调的观念，呼吁手工制作、实木家具和保持天然的材料本色。在《家庭品位建议》一书中，艾斯特雷克宣扬的主要是威廉·莫里斯的思想，但是进行了更详细具体的描述：“现在那种清漆系统（French-polishing）或亮光漆家具毁坏了材料所有的本质面貌，因为这样一来在漆面下的木材再也不会改变它的颜色，再也不会长生那种由年代带来的迷人色彩。”这在很大程度上改变了当时英国家庭装饰的丑陋状况。1872 年《家庭品位建议》在美国出版，书中所提倡的真实表达构造和材料的观念唤醒了美国早期的装饰设计。

图 12-2-6 巴黎歌剧院楼梯设计效果图，查尔斯格涅（Charles Garnier）
（图片来源：European Architecture 1750 ~ 1890, Barry Bergdoll, Oxford University Press, 2000）

法国的哥特复兴运动是在伟大的维里奥·度克（Viollet-le-Duc, 1819—1879）的领导下进行的，以修复毁坏的中世纪的哥特建筑为主，在建筑观念、逻辑的建造和结构关系研究及理解等方面都卓有成绩。希腊复兴运动结束于 1860 年，哥特复兴运动在英国持续到 19 世纪末，但在一些宗教建筑设计中延续了更长的时间。

2.4 新文艺复兴（The Renaissance Revival）

19 世纪最后 20 年，西方国家恢复了对文艺复兴艺术的纪念性的兴趣，整个欧洲，包括美国在内掀起了文艺复兴的复兴运动。其中法国以新卢浮宫、新歌剧院和威尔饭店（Hotel-de-Ville）的修建成为最耀眼的国家，并且确定了其在 19 世纪下半叶欧洲艺术的领导地位（图 12-2-6）。

第 3 节 自然主义

19 世纪中叶，英国的民众发现很多英国工业产品远不如欧洲大陆，尤其是法国的工业产品，主要的差距表现在艺术品位上。这个事实极大地伤害了英国人的自尊，他们很快总结出缺少艺术博物馆和艺术学校是产生这个差距的原因之一。南肯斯顿博物馆（South Kensington Museum），以及所属的图书馆和学校很快建立起来，随后又设立了省一级设计学校。这些学校训练学生的主要方法是通过对自然，尤其是对植物的研究和学习，进行装饰设计。虽然对历史装饰形式的学习也属于课程之内，但是主要学习方法仍是解剖、分析、组合各种花卉和叶片，运用自然主义或传统的形式构成装饰图案。我国 20 世纪艺术院校中的装饰纹样训练课程采用的也是这种方法。在这个运动中最引人注目的是欧文·琼斯和他的《装饰基本原理》，这本出版于 1856 年的装饰艺术巨著，充满了美丽精致的插图，其中最后几页描绘了各种适合进行图案设计的花卉和植物叶片（图 12-3-1）。遗憾的是这场运动中，学校的训练只是强调收集大量植物形态，并没有为学生提供装饰设计的基本原理。

尽管如此，运动仍产生了许多美丽的装饰，这些优美的图案被应用在地毯、瓷器、壁纸设计中，取代了之前那些怪异的图形。

图 12-3-1 欧文琼斯在《装饰基本原理》中有关植物研究的插图（图片来源：《装饰基本原理》，欧文·琼斯，1856）

欧文·琼斯（Owen Jones）和《装饰基本原理》（The Grammar of Ornament）

欧文·琼斯认为，装饰是关于再表现（representation）和表达价值，并且认为装饰有自己的形态和发展规律。他提倡创造灵感来自于对历史风格和对自然法则的学习。通过这种学习，唤醒设计者成为新风格先锋的愿望，以及对于自然中抽象形态的兴趣。“每当美化的风格博得所有人的倾慕之时，我们总会发现它正是遵循了自然界造物的法则”。

《装饰基本原理》出版于 1856 年，是琼斯有关装饰的一本巨著，该书的最初版本是一本及其昂贵的画册，包含 100 幅彩色版图。在很长一段时间内，《装饰基本原理》影响着西方对于装饰问题的研究。在书中，他提出了一系列装饰研究和装饰设计的原则。例如，他认为野蛮的艺术与自然十分接近，表现出了最高的装饰原理。每一个线条都恰到好处地加强了自然的神态。“由于野蛮民族的装饰是出于自然的本能，所以总是能忠于装饰的功能。”再如“如果我们想回到一个更适合于装饰的情况，我们就得是小孩或野蛮人。我们就得摆脱一切学来的东西和一切人造的东西，回到自然本能的状态，并对自然本能加以发展。”

他提倡形式的和谐，并提出了构成和谐形式的原则：

“首先要考虑的是基本形式，而后再加上基本线条，然后在线条和形式的空隙加上装饰，再进一步丰富这一装饰，使它经得住仔细观察……从远处看到的是装饰的主要轮廓，走近一点，看见了线条的结构，再近一点，看见了表面的细节。”

第 4 节　艺术和工业生产

4.1　威廉·莫里斯和工艺美术运动（Arts-and-Crafts Movement）

图 12-4-1　红屋的室内楼梯，1860

威廉·莫里斯（Welliam Morris，1834—1896）作为罗斯金忠实的信徒，坚信对建筑甚至社会的革新应该从对手工的恢复和拯救开始。由莫里斯和韦伯（Philip Webb，1831—1915）设计的具有传奇色彩的红屋（Red House）表现了他们所崇拜的 13 世纪中的设计和工艺（图 12-4-1）。这个小型建筑成为了莫里斯向资本主义工业化的挑战。在莫里斯的眼中，中世纪手工艺品的魅力来自于对于材料、工具和过程的熟悉。莫里斯的富有使他可以在红屋中实现自己的理想——建筑中所有的家具、墙纸、织物等没有一件从市场中购买，全部由手工制作而成。莫里斯和韦伯的尝试为工艺美术运动奠定了基础。

莫里斯是第一个将自己的职业定义为“设计师”的人，但是他不认为设计师应该是一个指挥者，而是亲自参与整个制作过程，无论是印刷墙纸、编制地毯，还是对织物、书籍、玻璃的设计。这种设计观念和行为极大地影响了现代设计职业和现代设计教育。

4.2　整体艺术和新艺术运动

19 世纪，文化上所谓“整体艺术”的哲学思想在艺术家中甚为流行，他们致力于将视觉艺术的各个方面，包括绘画、雕塑、建筑、平面设计及手工艺等与自然形式融为一体。在技术上，设计师对于探索铸铁等新的结构材料有很高的热情。对于艺术家自身而言，新艺术正反映了他们对于历史主义的厌恶和新世纪需要一种新风格的心态。新艺术运动的出现经历了相当长时间的酝酿。早在 1865 年，琼斯就在《装饰基本原理》中写到：“形式的美产生于波浪起伏和相互交织的线条之中。”对于新艺术发展影响最深的还是英国的工艺美术运动。莫里斯十分强调装饰与结构因素的一致和协调，为此他抛弃了被动地依附于已有结构的传统装饰纹样，而极力主张采用自然主题的装饰，开创了从自然形式、流畅的线型花纹和植物形态中进行提炼的过程。新艺术的设计师们则把这一过程推向了极端。

第5节 对装饰的拒绝

5.1 对于装饰的态度和争论

对装饰艺术的拒绝，并不开始于20世纪初的现代主义。西方文化中一直就存在对装饰和视觉展示艺术的怀疑，甚至认为它们是罪恶的。在西方艺术史中，严谨的美学理想和古典传统紧密相连。着力反对繁琐的装饰是古典主义倾向的表现，例如，在意大利文艺复兴和18世纪新古典时期，重形式、轻视装饰是艺术美德的表现。这种倾向在古代修辞学上就有所体现，在柏拉图、苏格拉底等希腊哲学家看来，诡辩术的花招和修饰是相同的概念，装饰的魅力可以用来为卑鄙的目的服务，例如狡辩。这种观念逐渐发展成为一种美学观点。古代罗马时期，西塞罗(Cicero，公元前102—前43)提出了著名的适合论，自此简朴风格的美学观点在批评传统中占有牢固的地位。西塞罗列举了各种例子来说明良好的风格不使用诱人的手法，应该是纯洁的、有理性的。对于装饰形式的不合理最有影响力的批评，由于维特鲁威的赞同具有了权威性。

"……这样的东西现在没有，过去没有，将来也不可能有。不断出现的新的样式促使蹩脚的鉴赏者把优良的工艺品看作单调来加以谴责。因为实际上，芦苇怎么能支撑得住房顶？蜡烛台又怎么能支撑得住山墙？细颈杆上怎么能坐得住人？花朵和半身像怎么能在树根和茎杆上交替出现呢？然而人们看到这些不是谴责，而是赞赏。"

——维特鲁威

维特鲁威在《建筑十书》中对晚期庞贝壁画的攻击（图12-5-1），成为后来的理论家谴责任何偏离理性道路现象的理论依据，例如对哥特式风格和巴洛克风格的批评。

图12-5-1 庞贝室内壁画中的图案

（图片来源：Ornament and the Grotesque，Alessandra Zamperini，Thames & Hudson，2008）

另一种反对装饰的力量来自宗教，尤其是1548年的宗教改革（Reformation）。来自宗教的言论更多的是一种克制而恰当的风格，而不是对装饰的抵制。神学反对装饰和视觉愉悦的观点并不是有关趣味的问题，而是有关存在——什么是真实的问题。人们通常称作的“朴素风格”就起源于教堂，以贵格派（Quakers）和震颤派（Shakers）为代表，其中震颤派没有任何装饰的手工制家具对后来北欧的简洁家具风格产生了巨大影响。

达尔文的进化论为对反对装饰的言论提供了另一个有力的理论依据。批评装饰的进化论点是依据社会是从生活的早期状态到现代不断演化这一概念提出的，装饰被认为是现代社会之前的早期社会形式的一个标记。一些建筑师和建筑理论家认为，向现代进步的要求是：如果不远离装饰，也要远离那些装饰物，他们当中的代表人物是卢斯和柯布西耶。

5.2 对装饰的拒绝

卢斯（Adolf Loos，1870—1938）的影响力来自他在一些杂志上发表的有关设计的论文，其中最有名的论文为《装饰与罪恶》。这篇发表于1908年的文章，是一篇反传统、反折中主义的檄文，震动极大。论文的焦点是认为装饰表现了文化的堕落，现代的文明社会应以无装饰的形式来表现。卢斯认为：“装饰是一种精力的浪费，因此也就浪费了人们的健康，历来如此。但在今天它还意味着材料的浪费，这两者合在一起就意味着资产的浪费”。在他看来，建筑学不仅是建筑行业的工作，也是社会文化的具体体现，一个越不文明的民族越能产生丰富的装饰。“如果我们认为装饰对我们有好处，那就等于停留在北美印第安人的思想水平上”。卢斯的观点是，现代建筑应该是对装饰的彻底拒绝。“我对这些人说，别难过，我们已经战胜了装饰，我们已经摆脱了装饰。不久城市里所有的街道都将变得像白墙一样闪闪发光，就像天国里一样。这就是装饰艺术登峰造极的地步”。

柯布西耶的言论很多都借鉴了卢斯的理论，在《当今的装饰艺术》中的观点简而言之是：“光辉的华丽已经过去了，比例均衡的时代已经来临”。但是现代主义设计师在作品中所表现的却并非他们所提倡的“无装饰”。卢斯自己的室内设计中，尽管总体上缺少装饰物，但并不是没有装饰。昂贵的大理石和木材，以及富有魅力的黄铜都是他最喜爱的材料。这些天然材料自身的纹理和材质，在卢斯的作品中呈现出一种奢侈的禁欲主义。这样的例子在现代主义建筑中并不少见，其中另一个著名的例子是密斯·凡·德罗1929年完成的巴塞罗那博览会的德国馆。在设计中，他使用了最奢侈的缟玛瑙来创造图案效果（图12-5-2），在他的设计图纸中列出了更多的奢侈材料：石灰华大理石、绿色古董大理石、灰色镜面玻璃、磨砂玻璃、绿色瓶面（bottle-mirror）玻璃、白色镜面玻璃等。这样一个充满豪华装饰材料的建筑物成为了现代主义“无装饰”的典范。

图12-5-2 巴赛罗那馆，密斯·凡·德罗，1929

在面对装饰问题的时候，现代主义建筑师和现代主义建筑理论家没有为我们提供太多有用的理论。不仅如此，现代主义建筑师几乎异口同声的对装饰的声讨，使对建筑装饰的研究和关注停滞了近 100 年。在这 100 年中，虽然在一些建筑著作中也涉及了一些与装饰有关的问题，但是装饰却成为绝大多数建筑师回避的领域。

第 6 节　装饰的回归

建筑中装饰的回归是近 20 年间发生的，在最初的 10 年是一个缓慢的局部现象，但是随着计算机技术在建筑中的应用，装饰成为了建筑理论界重新关注的问题，图案、色彩、造型这些多年消失在建筑中的元素再一次回到了建筑当中，成为当今建筑设计中新的话题。对于装饰回归的讨论，我们需要从 19 世纪的桑佩尔开始。尽管桑佩尔的装饰理论只是 19 世纪诸多的装饰理论中的一部分，但是桑佩尔的《建筑四元素》可能是自古典时代以来对建筑理论最重要的重新思考。无论是对于装饰的思考，对于美术理论，还是从人种学对物质文化的阐述，桑佩尔的理论都有重大的借鉴意义。

6.1　桑佩尔（Gottfried Semper）和《建筑四元素》

桑佩尔（1803—1879）提出的建筑四元素将建筑概括为是由火膛、屋顶、围合物、基础 4 个简单的结构组成，他认为这是理想房屋类型的范例（图 12-6-1）。由此可以推断出在这 4 个元素中材料运用的状况：①作为基础、火膛的泥土；②木质或其他材料的框架；③屋顶；④环绕在四周的编织围合物。如果我们进一步演绎，可以得出更抽象的结论——建筑工艺可以分为两大类：实体层面和构造层面。建筑中的两个基本程序的区别在某种程度上说，是轻型、重型材料之间和处理这两种材料的工艺之间的差异。泥土平台与砌石结构的雕刻和堆砌工艺有关；火膛可能与金属和陶瓷工艺有关；墙体与编织等工艺有关；而房屋的框架则与木工工艺或钢铁工艺相关联。装饰是建立在这四个建筑步骤之上的，象征着整个创造的过程。装饰的工艺和图案应用，是表现这些建造步骤和工艺之间的转换，这就是桑佩尔的材料转换理论。

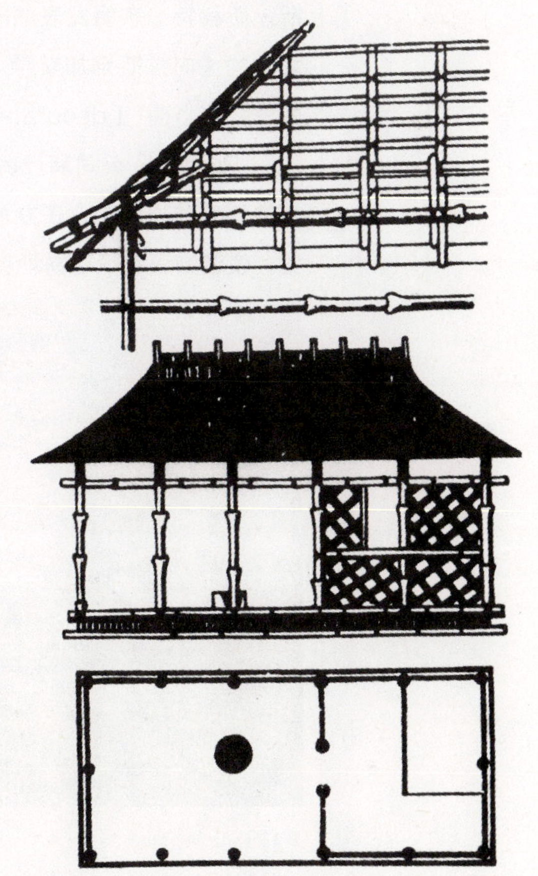

图 12-6-1　卡拉博（Caraib）小屋

桑佩尔以这个印第安小屋为例描述了建筑的 4 个基本元素：火膛（hearth）、屋顶（roof）、围合物（enclosure）、基础（mound）

此外，桑佩尔发现了墙壁的支撑和覆盖的两重性，在他看来“墙体的内涵极其广泛，包括界定空间的表面。无论墙体的结构如何，它的表面或平面才是最重要的。从中世纪和文艺复兴早期用挂毯覆盖光秃秃的石墙就可以看出，挂毯为建筑提供了可能带有各种场景和图案的新表面……这彩色的帷幕，或是绘画、瓷砖，尽管不是承载结构，它把色彩图案引入建筑，建筑在获得色彩和图案时，其整体和明显的重量趋于消失，这是产生建筑意义的必由之路”（《建筑艺术元素 》）。对于桑佩尔来说，图案和色彩是建筑不可缺少的重要组成部分，并不是额外的附加，它们使力学需求具有了象征意义——不经装饰的建筑将毫无意义可言。这种理论对现代建筑影响深远，钢铁框架、轻质幕墙——结构和围合的分离都表现出桑佩尔墙体观念在现代建筑中的意义。

关于材料在建筑和工艺美术中的重要性的理论，诸如寻求装饰之间的适当联系、试图发现建筑风格中理性的基础、解释装饰形态之下的内在含义、寻找建筑在文化上的地域起源，以及装饰的象征意义（Symbolic application），使桑佩尔成为现代建筑和装饰的理论先驱。

6.2 当代建筑装饰的思考

当代建筑理论家弗兰·普顿（Kenneth Frampton）将建筑装饰划分为表征装饰（representation）和本体装饰（ontological）。这种划分方式在某种意义上与桑佩尔的理论有很大联系。在弗兰·普顿的理论中，本体装饰是运用材料本身构成的装饰，例如堆砌结构中砖的摆放方式形成的图案；而表征装饰则运用某种材料或通过某种制造过程，强调某个图案或图像，也包括用一种材料模仿另一种材料，例如粗糙结构面上的大理石贴面。本体装饰既是基本结构又是装饰的内容，而表征装饰是“重现建筑结构综合特征的皮肤”（Studies in Tectonic Culture，Kenneth Frampton，MIT Press，2001，p16）。

实际早在弗兰·普顿之前，装饰在建筑表面应用就已经开始，弗兰·普顿的理论是对当时出现的大量建筑表面装饰的一种总结。造成这个状况的主要原因是，文丘里和丹尼斯·斯科特·布朗发表的一系列文章。从 1966 年发表的《建筑中的复杂性与矛盾性》到之后的《向拉斯维加斯学习》，文丘里通过对建筑历史模式的重新评估，最终引出了著名的“装饰小棚”（decorated shed）的说法。1973 年，文丘里将他的理论成功地运用到了 Best Products 公司展厅的设计当中（图 12-6-2）。这个项目的建筑本身是一个不能再简单的厂房式建筑物，在立面上文丘里使用了色彩鲜艳的硕大花朵，这种类似波普艺术的图案，使装饰语言很容易地就融入了当时的文化语境。

图 12-6-2 Best Products 公司展厅，文丘里和丹尼斯·斯科特·布朗，1973（Architectural Detail，04/02）

文丘里的理论极大地影响了当代建筑师对于建筑装饰的观念，同时也造成了装饰在建筑的表面应用的回归。

6.3 今天的建筑装饰

6.3.1 装饰与艺术

在第 1 部分第 2 章中，我们曾经提到赫尔佐格和德梅隆在利口乐包装与营销大楼和艾伯斯瓦德科技大学图书馆项目中的图案装饰的应用（图 12-6-3、图 12-6-4）。在这两个项目中，赫尔佐格和德梅隆遵循桑佩尔的建筑理论，将建筑的主体结构和装饰表皮进行了彻底的分离。不仅如此，他们不满足于色彩、材质的感官吸引力，将图像的修辞学加入到了装饰当中。在之后的诸多项目中，赫尔佐格和德梅隆一直在研究一种进行艺术装饰设计的方法——使用艺术直觉，并将艺术直觉与制造相结合进行创造。

图 12-6-3 欧洲利口乐包装与营销大厦，赫尔佐格 & 德梅隆，1993

（图片来源：Herzog & De Meuron Natural History, Phlip Ursprung, Lars Muller Publishers, 2002）

图 12-6-4 艾伯斯瓦德科技大学图书馆，赫尔佐格 & 德梅隆，1998

（图片来源：Herzog & De Meuron Natural History, Phlip Ursprung, Lars Muller Publishers, 2002）

类似这种的建筑装饰构成了当代装饰的主要类型之一。通过直觉捕捉生活中、环境中的元素和图像，或直接运用艺术作品作为装饰的基本元素——母题，装饰与艺术的边界逐渐模糊起来（图 12-6-5、图 12-6-6）。在精心构建的设计过程中，材料的形态和装饰的

图 12-6-5、图 12-6-6 纽约邦德街 43 号公寓，赫尔佐格 & 德梅隆。这个项目中的所有图案来自纽约街头的涂鸦，通过不同的工艺应用在不同的材料上，装饰成为了一种整体的空间艺术

（图片来源：Architectural Detail, A+U 2009 年第 2 期）

意义之间的关系，是一种抽象化和具象化的双重关系，在这种关系中装饰设计被推向了一个不可知的艺术领域。

6.3.2 装饰与结构

在伊东丰雄的东京表参道TOD's 专卖店的项目中，图案装饰与建筑的结构成为了一体，表征装饰和主体装饰在这个项目中很难被区分开来。伊东丰雄将街道上的树木图像作为建筑外墙（也是建筑主体结构）的形态，这个带有强烈图案特征的结构形态本身就表述了建筑的综合特征（图 12-6-7）。

装饰的两个主要问题是装饰与结构的关系和装饰图案。在伊东丰雄的建筑中，装饰不是应用在建筑上，而是结构的墙体本身就是构成装饰图案的部分，结构与图案成为了一个问题。这使我们想起了 19 世纪以前的装饰概念，当时的装饰是与结构不可分离的，装饰没有被独立成可拆分的物体。结构和装饰一起构成了建筑的本体，表现建筑的表征和艺术性。与赫尔佐格和德梅隆的项目不同，伊东丰雄的建筑并没有过多地关心文化中的内涵，而是呼应了建筑中结构和材料的内涵。这种结构性的装饰在室内设计当中应用得更为频繁（图 12-6-8），计算机设计和制造技术提供的技术支持使材料、图案、造型和构造成为了一种不可分割的综合体。

图 12-6-7 TOD' s 专卖店，伊东丰雄
（图片来源：el Croquis，伊东丰雄专辑）

图 12-6-8 PRADA 专卖店，OMA
（图片来源：el Croquis，OMA 专辑）

6.3.3 装饰与信息

将建筑装饰看作一个媒介，通过新材料和新技术将信息赋予建筑当中成为了建筑装饰新的表现和功能。信息成为了装饰的主要内容，图 12-6-9 中夏奈尔专卖店中巨幅的 LED 标志和玻璃管组成 LV 标志的使用已经将建筑立面的装饰语言转化成为了广告，以最直接的方式阐述了文丘里的观点："复杂的商业设计和背景环境所要求的是比'结构 + 形式 +

照明设计'的三元一体的建筑等复杂的媒介综合体，这种媒介综合体使人们认识到在建筑当中应该用醒目的信息传递系统取代不醒目的表达方式"。(《向拉斯维加斯学习》，p9)

文丘里在20世纪70年代提出这个理论的时候，并没有预料到在不到30年的时间里，材料和制造业会发生如此大的变化。数字技术在建筑设计中的应用使建筑师可以用各种令人称奇的视觉效果完成"醒目的信息传递"，也正是这些炫目的视觉效果建立了装饰与信息的关系（图12-6-9）。

图12-6-9 夏奈儿专卖店外立面设计
（图片来源：[日]《新建筑》第78期）

技术的发展，尤其是数字技术的发展，一方面是对于人的新的认知力的解放；另一方面计算机模拟环境，虚拟世界的日趋完善等，也使视觉面临着辨别真实的挑战。新技术为创造多种感官体验提供了不可预知的可能性。尽管装饰艺术是以图像为主导地位的艺术形式，但是它的数字化潜力，使得一些数字技术在建筑中越来越多地被应用。这些技术的应用不但会传递某种信息，甚至会以各种动态的形式刺激着人的各种感官。

本章总结

古代建筑中的装饰通常出现在建筑的边缘或构件的交接处。装饰的出现是为了突出或掩饰这些交接之处；表现出结构中力的传递；建筑装饰还作为改变建筑轮廓的构件；同时建筑装饰还可以成为边框，在划分室内与室外的同时，为人们的视觉体验增加层次等，这些关系的建立是基于古代建筑的材料、结构和工艺。现代建筑中装饰与建筑的关系发生了一些根本性的变化：建筑的主体结构和装饰表皮在一些建筑当中彻底分离，装饰成为了表现建筑综合特征的表皮；还有一些装饰已成为结构的一部分。

建筑中单纯的结构和功能无法传达任何思想和观念。而建筑装饰当中的图像除了传达当代的形式和风格之外，还可以表达功能、历史和社会含义。建筑装饰是一个巨大的媒介，通过装饰，我们可以与环境中的其他元素进行感官的、文化的、时间的等各个层面的交流。建筑装饰的形式和风格很明显是一种社会标志，表现出的是社会的展现方式而不是各人的展现方式。今天的建筑装饰中的各种装饰形式，反映了这个时代的数字技术特征、消费文化特征和文化、艺术、科学领域的交叉特征。建筑装饰成为了一个有说服力的陈述，人们应该将装饰视为一种激励，以追求建筑蕴含的意义。

作为设计师我们今天面临的问题是：我们在设计什么？如何去设计？用什么去设计？以及我们应该设计什么？在技术变化和发展如此迅速的情况下，我们很难真正理解世界正在发生些什么样的变化，但我们可以肯定的是设计师和建筑师重新表现出的对装饰问题的热情和关注实际上是对今天的物质世界做出的各种不同的阐述和回应，装饰设计是这些回应中的一个声音。

参考文献

[1] Barry Bergdoll.European Architecture 1750-1890. Oxford University Press，2000.

[2] Nicola Coldstream.Medieval Architecture . Oxford University Press，2002.

[3] Roger Stalley.Early Medieval Architecture. Oxford University Press，1999.

[4] Mary Veard and John Henderson.Classical art. Oxford University Press，2001.

[5] Evelyn Welch.Art in Renaissance Italy. Oxford University Press，1997.

[6] Farshid Moussavi and Michael Kubo.The Function of Ornament. Actar，2008.

[7] Alessandra Zamperini.Thames & Hudson.Ornament and the Grotesque. 2008.

[8] A · W · Larence.Geek Architecture.Yale University Press，1996.

[9] Rudolf Wittkower. Art and Architecture in Italy.Yale University Press，1999.

[10] Sheilas · Blair and Jonathanm · Bloom.The Art and Architecture of Islam. Yale University Press，1994.

[11] W · Stevenson Smith. The Art and Architecture of ancient Egypt.Yale University Press，1998.

[12] Kenneth Frampton. Studies in Tectonic Culture.MIT Press，2001.

[13] Meyer Schapiro.Romanesque Architectural Sculpture. The University of Chicago Ptess，2006.

[14] [美] 罗伯特 · 文丘里、斯科特 · 布朗、史蒂文 · 艾泽努尔 . 向拉斯维加斯学习 . 徐怡芳，王健，译 . 北京：知识产权出版社、中国水利水电出版社，2006.

[15] [明] 李渔 . 闲情偶寄 . 北京：作家出版社，1995.

[16] 童书业 . 中国手工业商业发展史 . 北京：中华书局，2005.

[17] 钱穆 . 国史新论 . 北京：生活 · 读书 · 新知 三联书店，2001.

[18] [英] 爱德华 · 露西 · 史密斯 . 世界工艺史 . 朱淳，译 . 北京：中国美术学院出版社，2006.

[19] 巫鸿 . 中国古代艺术与建筑中的“纪念碑性” . 上海：上海人民出版社，2009.

[20] [法]埃米尔马勒 . 哥特式图像：13 世纪的法兰西宗教艺术 . 严善，金享，梅娜芳，译 . 北京：中国美术学院出版社，2008.

[21] 中国古代建筑史（五卷册）. 北京：中国建筑工业出版社，2002.

[22] 张克贵，石志敏，黄希明，等 . 故宫建筑内檐装修 . 北京：紫禁城出版社，2007.

[23] 于倬云 . 紫禁城宫殿 . 北京：生活 · 读书 · 新知 三联书店，2006.

[24] [英] 大卫 · 布莱特 . 装饰新思维——视觉艺术重点愉悦和意识形态 . 张惠，田丽娟，王春辰，译 . 南京：凤凰出版传媒集团、江苏美术出版社，2006.

[25] [英] E H 贡布里希 . 秩序感 . 杨思梁，徐一维，译 . 杭州：浙江摄影出版社，1987.

[26] [日] 伊东忠太 . 中国建筑装饰，刘云俊，张晔，译，北京：中国建筑工业出版社，2006.

[27] 潘谷西，何建中 . 营造法式解读 . 南京：东南大学出版社，2005.

[28] [英] 约翰 · 罗斯金 . 艺术十讲 . 张翔，张改华，郭洪涛，译，北京：中国人民大学出版社，2008.